日高敏隆

昆虫学って
なに？

青土社

昆虫学ってなに？　目次

Ⅱ

昆虫学ってなに？

プロローグ

フェロモンの神話と勘違い

毎年、七月から八月になると思いだすのは、今からもう三十年ほども前、夢中になってやっていた昆虫の性フェロモンの研究のことである。

皆殺し農薬に代わる画期的な害虫防除の手段として急激に脚光を浴びはじめていた昆虫の性フェロモンには、世界の多くの研究者たちがとびついた。

昆虫の性フェロモンとはいうまでもなく、昆虫のメスが体内で生産して空気中に放出し、同じ仲間のオスを誘引する化学物質のことである。

同じ仲間、つまり同じ種のオスにしか有効でないから、関係のない虫には何の影響も及ぼさない。害虫であろうと益虫であろうとみんな殺してしまう農薬のように〝沈黙の春〟をひきおこすおそれはない。

おまけにひじょうに遠くから同種のオスをひき寄せるというので、だれもかれもがフェロモンの研究に乗り出した。

とにかく、問題の害虫を大量に飼育して、たくさんのメスを手に入れよう。そしてそれから性フェロモン物質を集めよう。そしてその物質の化学構造を決定しその物質を人工的に合成しよう。そしてそれをしかけたトラップを作り、オスたちを大量に誘引して殺してしまえば、メスは受精卵を産めなくなるから、農作物の被害もなくなる。これがだれしも考えた筋書きだった。

そこでいろいろな虫の大量飼育法が開発された。ジャンボ飼育などということばがはやったのもそのころである。

集めたメスからなるべく混じりもののない性フェロモン物質を手に入れる方法も、いろいろと開発された。

そのころ化学の手法や機器はもう十分に進歩していたから、努力さえすればフェロモン物質の化学構造はどんどん決定することができた。学会での発表には、いろいろな昆虫の性フェロモン物質の同定と合成という表題のものが並び、性フェロモン関係の会場はいつも立ち見がでるほど満員であった。

電気生理学の人々は、性フェロモンが昆虫の触角の感覚細胞でどのように捉えられるかを知ろうとして、エレクトロアンテノグラム（触角電図）の研究に熱中した。

しかしこれらの研究の進展によって害虫防除に格段の進歩が見られたわけではなかった。じつはぼくは、そういう「最先端」の研究にはあまり関心がもてなかった。どんな物質が、どれくらい微量でオスを興奮させるかなどということではなく、ほんとに野外にいる虫たちが性フェロモンをどのように使っているかが気になってしかたがなかったのである。

だからぼくの研究は、最新の分析機器を使うのではなく、夜、野外で虫たちがどう飛び、どんなようにしてメスのところへやってくるかをじっと観察するという、旧態依然たる時代おくれの研究であって、とても科学技術庁から研究費をもらえるようなものではなかった。

ところがそんなことを毎晩観察していると、妙なことに気がついた。毎晩といったが、じつはそのとき観察していたアメリカシロヒトリという、アメリカから日本に入ってきたサクラなどを害するガ（蛾）は、朝がほんのり明けはじめる早朝四時ごろにオスが飛びまわってメスを探す。だから毎晩ではなく毎朝というのがほんとだった。

さてそうやって見ていると、とあるサクラの下枝に、次から次からオスが飛んでくる。そしてしばらく空中に留まるような飛びかたをして、それからさっとどこかへ飛び去ってしまうのである。

これはいったいどういうことだ？　ふしぎに思ったぼくは、下枝の葉っぱを一枚一枚はぐってみた。そしたらいた！　ある葉っぱの裏にメスが一匹とまっていた。だが、飛んできたオスにはその葉裏のメスの姿はみえなかったのである。

性フェロモンの話は単なる神話だということに気がついたのはこのときであった。

フェロモンの匂いは大切だが、メスの姿も不可欠なのである。オスのガがメスのよりずっと立派な目をもっている理由もそのときわかった。

それからぼくは、ずいぶんいろいろなことに気がついた。性フェロモンは、何百メートル、いや何キロメートルもの遠くからオスを誘引すると信じられていたが、それもまったくのまちがいだということもわかった。性フェロモンがオスを誘引できる距離はせいぜい二メートル以内なのである。

気がついてみると、その後の問題の立てかたも変わるし、データのとりかたも変わる。そもそもデータとりや実験は、何かをふと気づいてからするものだ。科学における新しい発想がいわゆる科学的データにもとづく論理的なものだという認識は、恐るべき害毒を人々に及ぼした勘違いであったといわざるを得ない。

I

環境を生きる

1　ギフチョウのカレンダー

春、サクラがちらほら咲きはじめたばかりの山裾に、美しい〝春の女神〟ギフチョウが姿をあらわす。

ほかのチョウたちに先がけて、まだそれほど暖かくなってもいないのに、ギフチョウはなぜこんなに早く、しかも正確に季節を知って、ちゃんと出てこられるのだろうか。ぼくはずっと前からそれがふしぎだった。

石塚、会田、坂神という、東京農工大でのぼくの最初の学生たちと一緒に、その謎をさぐってみることにした。

ギフチョウの幼虫は、山の下草の間に生えるカンアオイという小さな植物の葉を食べる。カンアオイは、春早くに新芽を出す。ギフチョウはそれに卵を産む。卵から孵《かえ》った幼虫は、これがあの美しいチョウの幼虫とはとても思えない、まっ黒い毛虫である。

幼虫はカンアオイの株を渡り歩いて、すくすく成長する。そして六月にはサナギになる。それから翌年の四月までの一〇ヵ月間、サナギは何をしているのだろう？サナギで冬を越すチョウたちは、ふつう、冬の寒さを二ヵ月ほど経験すると、〝目がさめる〟。そして三月末から四月の暖かさで発育がはじまり、やがてチョウになる。ギフチョウもそうだろうか？

ギフチョウのサナギを冷蔵庫で冷してみた。そして二五度Cの暖かい部屋に移した。だが、いつになってもチョウは出てこなかった。

さまざまな暗中模索のすえ、一〇何年もかかってわかったのは次のようなことである。六月にできたサナギはそのまま休眠に入り、一ヵ月もすると、自然と目がさめる。けれど、夏の暑さに妨げられて、発育はとまったままである。一〇月半ば、やっと涼しくなると、サナギの中でチョウの体ができはじめる。一月ごろ、完成したチョウはサナギの中でまた休眠してしまう。（これは京大にいた石井実氏の発見である）。

なお続く冬の寒さを経て、この休眠からさめると、山はもう早春。こうしてギフチョウは、正しい季節に姿をあらわすのだ。

2 時を知るきっかけ（1）

ギフチョウは前回に述べたようないきさつで、毎年、春早く、サクラが咲くのとほぼ同じころに親になる。虫たちにとって、一年のうちのいつ親になるかは、とても大切なことである。けれど、重要なのはそれだけではない。一年のいつだけでなく、一日のいつ親になるかも大切な問題なのだ。

街路樹や庭木の害虫としてしばしば話題になるアメリカシロヒトリというガ（蛾）は、一年に二回、五月の中ごろと七月中ごろに親がでる。五月にでるのは、冬を越してきたサナギから羽化した親であり、その親が産んだ卵からかえった幼虫が育ったサナギになり、そのサナギから七月に二度目の親が羽化してくるのである。

ふしぎなことに、五月にでるガと七月にでるガとでは、サナギから親が羽化してくる時刻がまったくちがう。五月のはまだ日がこうこうと照っている午後四時ごろ、七月のは日が落ちてまっ暗になってからだ。当時、東京農工大にいた平井剛夫君がこのことに興味をもった。

まず、夏休みで研究のしやすい七月のから調べてみた。毎日、夕方から、ガの羽化してきそうな場所を根気よく歩きまわって、羽化したガの数を二〇分刻みで数える。明るいうちは羽化数ゼロ、日が暮れるとボツボツ羽化が始まり、日没の一時間後にピークに達する。その後次第に羽化してくるガの数は減り、夜九時以降はゼロになる。

ある日、夕方にひどい雷雨がきた。一時的に黒雲が空をおおい、ほとんどまっ暗になった。するとそれから一時間後、雷雨が去って再び明るく日がさし始めた中で、アメリカシロヒトリのガたちがぞくぞくと羽化してきたのだった。

どうやら羽化の合図は、日が落ちて暗くなることにあるらしい。そう思った平井君は、飼っていたサナギを日没より二時間も前に、暗室に移してみた。予想は的中した。その一時間後、サナギは次々に羽化し始めたのである。

3 時を知るきっかけ（2）

夏のアメリカシロヒトリが日没後にサナギから羽化してくるわけは、暗くなることが羽化の合図になっているからであった。

そうすると、五月のアメリカシロヒトリは、なぜまだ太陽がこうこうと照っている夕方四時頃に羽化してしまうのだろう？　平井君は次にこの疑問に取り組んだ。

真夏とちがって五月には、昼は汗ばむくらい暑いけれど、夕方五時頃になればかなり涼しくなる。この夕方の気温低下が合図になるのではないだろうかと、平井君は考えた。気温を測ってみると、気温の急激な低下はほぼ正確に午後五時におこる。けれど、羽化はその一時間前に始まる。合図の方が後にあるというのは変ではないか。

とにかく実験してみることにした。もうそろそろ羽化しそうなサナギを、二六度の部屋においておき、毎日、たとえば午後三時に一九度の涼しい部屋に移す、ということを始めたのである。

するとおもしろいことがおこった。一九度の部屋に移した最初の日から、気の早いサナギは羽化し始めた。だが、羽化の時刻はまったくばらばらであった。

二日目も羽化はばらばらにおこった。けれど三日目からは、羽化は午後二時、つまり涼しい部屋に移してやるはずの午後三時より一時間前に、一斉にそろっておこったのである。

涼しい部屋に移す時刻を午後二時に早めてみると、羽化は一斉に午後一時におこった。つまり五月のアメリカシロヒトリは、前の日の夕方の気温低下をおぼえていて、翌日、その一時間前に羽化してくるのである。

夏のアメリカシロヒトリで同じ実験をしてみると、まったく同じことがおこった。このガの原産地である北アメリカ北部では、夕方の気温低下を合図にして、その一時間前に羽化するというのが本来の姿だったのだろう。けれど日本の夏は暑すぎて、夕方にも気温が下がらない。しかたなく彼らは日没を合図にして、その一時間後に羽化するという、第二のしくみを使っていたのだ。

4 環境を分ける

アゲハチョウのサナギは、じつにみごとな保護色になる。幼虫が食べて育つカラタチの細い緑色の小枝にできたサナギはきれいな緑色で、褐色の木の幹や板塀についたサナギは褐色なのである。自分のまわりの環境の色にすっかり埋没して、自分の存在を敵の目からかくしているのだ。

どうしてこんなみごとな保護色になれるのだろうか。みんなふしぎに思って、しらべてみた。だれもが考えたのは、サナギは自分のついている場所の色を見て、自分の色をきめるのだろう、ということだった。

そこで、いろいろな色の紙の上でサナギにならせる実験が、多くの中学や高校の生物クラブでおこなわれた。その結果は、じつにわけのわからないものだった。緑色の紙の上では、たしかに緑色のサナギもできるけれど、褐色のサナギも半分くらいできるのである。褐色や赤の紙でも、緑色のサナギがたくさんできている。ぼくは、これは色ではないと直感した。

カラタチの生きた緑色の小枝についているサナギは、一〇〇％緑色である。生きた緑色の小枝の皮を、爪ではいでみると、植物の青くさい匂いがする。ぼくは、きっとこれが鍵なのだと思った。

そこで、いろいろと工夫をこらして実験してみた。その結果は、まさに思ったとおりだった。アゲハチョウの幼虫は、いよいよサナギになるときには、口から絹糸を出して、足場を作る。そのとき幼虫は、その場所の匂いをかいでいる。もしその場所が青くさい匂いがしたら、緑色のサナギになる。青くさくなかったら褐色のサナギになる。

実際にはこれよりもう少し複雑であることがわかっているけれども、基本は青くさいか青くさくないかということだ。アゲハチョウの幼虫は、環境を青くさいか青くさくないかの二つに分けて生きている。ぼくらにはそんなことはとても考えつかない。

5 ハチのたくらみ

ゼンマイハバチというハチがいる。ワラビと並んで、日本人が昔から好んで食べてきたゼンマイの葉を食べて育つ、小さな原始的なハチである。

ハチのくせに、巣を作ったりすることはない。その年の第一世代の母バチは、春、ゼンマイの芽が伸び出し、若葉が開きおわったころ現れる。そして、ゼンマイの若葉に二〇個から三〇個の卵を点々と産みつける。卵はゼンマイの若葉から水を吸収して孵《かえ》るので、ハチとしてはゼンマイの若葉がぜひとも必要である。

卵から孵ったハバチの幼虫は、若葉の葉先に集まり、いっせいに葉を食ってゆくので、一枚目の若葉はたちまち食いつくされてしまう。すると幼虫たちはとなりの葉に移動し、まもなくこれも食べつくしてしまう。こうして、一株のゼンマイがすべて食いつくされたころ、幼虫はサナギとなる。

さて、ゼンマイは困ってしまう。せっかく伸ばした若葉はぜんぶ食べられてしまった。これでは胞子もつけられない。しかたがなくゼンマイは、もう一度新芽を伸ばす。この新芽が開くのには、二週間ほどかかる。ところが、やっと二度目の若葉が開いたころ、ゼンマイハバチは二回目の親となって現れてくるのだ。

ハバチはあたりの古くて硬い葉を避けて、この新しい若葉に卵を産む。そして一度目のときと同じことが繰り返されて、二度目の若葉もすべて食いつくされてしまう。

やむなくゼンマイは、莫大なコストをかけて三度目の新芽を伸ばす。だが、またしても同じ悲劇が待っている。こうしてハバチは、ゼンマイを操作して何回も季節はずれの新芽を出させ、それを食べて何回も繁殖する。

こんなことをするハバチは他にはいない。ゼンマイの新芽は一年に一回ときまっているのに、ゼンマイハバチはこんなあくどいことをして、自分の子孫をできるだけ殖やそうとしているのだ。ゼンマイにとってはたまったものではない。京都大学の大塚公雄氏の研究が示してくれた、虫たちのしたたかな生きかたの一面である。

6　モンシロチョウの盛衰

畑の上や道ばたをモンシロチョウがひらひらと飛んでいる。子どものころから見慣れた風景である。

東京の町中にも、モンシロチョウは少しはいる。山の手の住宅街にはもっと多い。やはり緑がたくさんあるところには、チョウもいるんだなと思う。

ところが、東京でみかけるモンシロチョウの大部分は、じつはモンシロチョウではないのである。モンシロチョウによく似ているが、まったくべつの種類であるスジグロシロチョウというチョウなのだ。

昔は東京の町中にも、ほんとのモンシロチョウがたくさんいた。スジグロシロチョウはあまりいなかった。白いチョウチョが飛んでいたら、それはたいていモンシロチョウだった。けれどこの二〇年ほど前から、モンシロチョウは減りはじめ、スジグロシロチョウと入れ変わってしまったのである。

どうしてそんなことになったのか。それはモンシロチョウとスジグロシロチョウでは、環境のえらび方がちがうからである。

モンシロチョウは日光のよくさす開けた明るい環境を好む。逆にスジグロシロチョウは、林の中の、少し日かげの環境を好む。

大昔の日本には、スジグロシロチョウしかいなかったと考えられている。日本をおおっていた林の中で、スジグロシロチョウがたくさん生きていた。

その後、中国大陸からモンシロチョウが渡ってきた。そして、人間が切り開いた田や畑に住みついた。東京をはじめ、どの町にも、モンシロチョウの好きな環境があった。モンシロチョウはどんどん広がり、反対にスジグロシロチョウはどんどん小さくなってゆく林の中に追いこまれていった。

ところが、東京に高層化しはじめた、高層ビルの谷間は、林の中と同じである。日かげをえらぶスジグロシロチョウには、うってつけの環境になった。スジグロシロチョウはどんどんふえ、そしてモンシロチョウは公園のような開けた場所に追いこまれてしまったのである。

7　寒さと風と昼ばかりの土地で

この七月、ぼくは国立極地研究所のはからいで北極圏を訪れる機会を得た。ノルウェーのオスロからスカンジナビア半島の北端にあるトロムセーに飛び、そこからさらに北極へ向けて一時間四〇分。飛行機は北極圏の島スピッツベルゲンの炭坑町ロングイヤービーエンに着いた。そこからさらに六人乗りの小型機に分乗して、ニューオルスンに向かう。途中越えていく大きな氷河の眺めがしみじみ北極圏だなと思わせた。

北緯八〇度にごく近いニューオルスンは、昔は炭坑町だったが今は研究のための町に変わっていて、各国の研究基地があり、日本の北極センターの基地もここにある。基地や研究者の面倒をみているのはかつての炭坑会社ＫＢＫＣだ。

七月一六日基地に着いて、さっそくぼくは羽毛服に身を固めて、目の前のプレッゲル氷河に向かって歩き出した。すぐそこに見えていても氷河は遠いものだ。とりあえずぼくはそこらの草地に生えている植物とその可愛らしい花を観察することにした。植物は日本の高山植物に似ているが、葉の緑色が黒ずんでいて、お花畑というよりももっと荒れた土地という印象が強い。

ぼくの知りたかったひとつは、こういう極地を虫たちがどう生きているのかということであった。地べたに腹ばいになって花を見ていると、時々小さなハエが花や葉の上を歩いているのが目に入る。そういうハエは何種類もいて、すべて極端に小さい。見ていると、そういうハエたちは実にたくさんいて、花から花へ、株から株へと歩きまわっている。風がかなり強いせいか、彼らはちゃんと翅が生えているのに飛ぼうとはしない。彼らがこうして花粉媒介をしているらしいことがわかった。

氷河から流れ出た水がたまってできた池からは、たくさんのユスリカが発生しているらしい。とにかくこれらの虫たちがでてくるときは、この土地にはまったく夜がない。白夜どころではなく、一日中完全に昼間なのである。この土地が夜ばかりになる冬には、虫たちは冬眠している。つまりこの虫たちの人生には夜というものがないのかもしれない。

8　ハエたち

北極圏のきびしい環境には、チョウもガも甲虫もおらず、いるのはハエやカ（蚊）の仲間ばかりといってよい。小さなハチも少しはいるが、数の上でも種類の上でも、とうていハエやカの仲間には及ばない。そして、雪と氷のすきまに、辛うじて顔を出している土地に咲く極地植物の花の花粉を媒介してまわるのも、ハエやカたちの仲間である。

ハエやカの仲間は、双翅類《そうしるい》と呼ばれる。昆虫にはもともとは前ばね二枚、後ばね二枚、計四枚のはね（翅）があるものなのだが、双翅類にはその名のとおり、はねが二枚しかない。後ばね二枚を平均棍という小さな針のようなものに変えてしまい、二枚の前ばねだけで飛びまわっているからだ。

なぜそんなことを思いついたのかはわからないけれど、とにかく双翅類はしたたかな昆虫である。地球上のどんなところ、一年のどんな季節にも、双翅類の姿を見ることができる。

ネパール・ヒマラヤの高度五〇〇〇メートルをこえる氷河の土を、上流に向かって歩いてゆくのがみつかった氷河ユスリカも双翅類の一種だし、熱くて入れそうもない温泉の中で幼虫時代をすごすオンセンアブも双翅類だ。夏の力の大群や、汚染された都市の川に大量に発生するユスリカの群れ。かと思うと、真冬の渓流のほとりで蚊柱を作っている小さなカやハエがいる。大都会のビルのほの暗いバーのカウンターでウイスキーのグラスを手にすれば、どこからともなく、小さなショウジョウバエがやってきて、ぼくも飲みたいよといわんばかりにグラスのふちにとまる。

双翅類のしたたかさには、まったく呆れるほかはない。どんな環境でも、巧みな処世術を身につけたなんらかの種類の双翅類が生きている。彼らは昆虫の中の昆虫としてもっと尊敬されるべき存在なのだ。

9　捨てる葉で育つ虫

九月。残暑はまだきびしいが、街路樹の緑もくすみだし、枯れかけた葉もちらほらとみえる。そろそろ夏も終わりだなと気づくこのごろになると、毎年あらわれてくる虫がいる。モンクロシャチホコというガの幼虫だ。

じつはこの虫は、一年に二回出現する。一回目は七月の末ごろだ。並木であれ、独立樹であれ、サクラの木の梢の葉の上に、このガの小さな幼虫が、集団をなしている。

けれどこの時期には、サクラはまだ青々と茂っており、虫の姿はほとんど人の目につかない。しばらくするうちに、幼虫たちは育ち終えて地中にもぐり、サナギになる。こんなサナギの存在に気づく人はだれもいない。

やがてサナギはガになって、またサクラの葉に卵を産む。もう八月も終わりに近いころである。

この卵から、二回目の幼虫がかえる。一回目のときと同じく、幼虫は集団をなしてサクラの葉を食べはじめる。

はじめのうち、幼虫たちの存在はほとんど目につかない。幼虫たちの成長はおそく、なかなか大きくならないからだ。

けれど、幼虫たちは次々とサクラの葉を食べてゆく。食べても食べても、幼虫はなかなか大きくならない。

なぜかといえば、それは季節のせいである。もう秋の近づいたこの季節には、サクラは葉の中の養分を枝のほうに吸いあげてゆく。そしてよけいな老廃物を葉っぱの中に移してゆく。栄養的に見たら、この季節の葉はすかすかなのだ。

幼虫たちはそんな葉を食べている。栄養分が少ないから、大量の葉を食べねばならない。サクラの葉はしだいに食べつくされ、ついに木は丸坊主同然になってしまう。けれど、どうせ落としてしまう葉だ。それを食いつくされてもサクラは痛くもかゆくもない。そしてモンクロシャチホコは、サクラが捨てる葉を食べて、十分に育ちきり、土にもどってサナギとなって冬を越す。来年の夏には、美しい黄白色のはねに黒い紋のついた、モンクロシャチホコのガが何匹もあらわれてくるだろう。じつに見事なリサイクルである。

10 冬を耐える

虫たちが冬を耐える季節になった。

だが、今はもう北海道大学名誉教授になられた茅野春雄先生の研究を知るものにとって、〝冬を耐える〟という表現は、あまり正しいとは思えない。

カイコは卵で冬を越す。小さな卵の中には栄養分であるグリコーゲンがぎっしりつまっており、春がくるとそれを使って幼虫の体を作りあげる。

冬を越す虫たちの通例として、カイコの卵も、〝休眠〟とよばれる状態で冬をすごす。ある特別な生理状態になっていて、約二ヵ月にわたって冬の寒さにさらされないと、たとえ暖かくなっても孵ることができないのだ。だから、冬のさなかにたまたま暖かい日が二、三日あったからといって、卵がまちがって孵ってしまうということはない。

これはいったいなぜだろう？　茅野先生はそれを調べてみることにした。

秋、産まれたばかりのカイコの卵にはグリコーゲンがたくさんある。ところが二、三日して卵が休眠状態に入ると、グリコーゲンはあとかたもなく消えてしまうのである。何か他のものに変わってしまったにちがいない。

グリコーゲンはブドウ糖がたくさんつながってできた物質だ。きっと分解してブドウ糖に戻っているのだろう。初め茅野先生はそう思った。だが卵の中にブドウ糖はまったくみつからなかった。

長い模索のすえ、グリコーゲンはソルビトールという物質と、グリセリンとになってしまっていることがわかった。この二つの物質は栄養分にはならない。ソルビトールは最近では低カロリーの甘味料に使われているくらいだ。

冬の寒さを経るうちに、この二つの物質がまたもとのグリコーゲンにゆっくりと再合成されてゆく。そこで暖かくなってはじめて、卵はちゃんと孵ることができるのだ。

そしてさらに驚いたことに、ソルビトールとグリセリンの混合物は、零下二〇度でも凍らない、すぐれた不凍液だということもわかった。

他の虫でも同じことだ。冬を越す虫たちは、栄養分を不凍液に変えて、きびしい寒さを乗り切ってゆくのである。

11　初蝶

いわゆる〝季語〟なるものの一つに、〝初蝶〟（はつちょう）というのがある。新春を迎えてから初めて目にしたチョウのことだ。

少し暖かい地方なら、一月のさ中でも、好天に恵まれた暖かい日がある。そんな日には、思いもかけずチョウの姿を見かけることもあろう。それを初蝶と呼ぶのである。

けれど、ああ、暖かいからもうチョウが出てきたか、と思ったりしたらそれはちと早まっている。

この〝初蝶〟はじつは〝旧蝶〟なのである。つまり、前年の秋それもだいぶ前の八月か九月ごろサナギからかえったチョウが、どこかに身を潜めていたものなのだ。彼らはそうやって春のくるのを待っているのである。

この前に述べたカイコの卵などとはちがって、これら冬を越すチョウたちは、冬でも暖かい日があれば、飛び出してきて花を探し、みつを吸う。その点で彼らは、ちょっとぐらいの暖かさにけっしてだまされぬ、休眠卵や休眠サナギとはちがう。

けれど、こういうチョウたちも、やはり休眠しているのである。休眠しているのは彼らの卵巣である。冬を越しているチョウのメスの卵巣は、しっかりと休眠状態になっていて、かなり長期間の寒さを経なければ、卵をつくりはじめたりはしない。確実に春になって、卵を産むべき植物、そして卵からかえった幼虫が食べるべき植物が芽吹くまで、けっして卵をつくったりすることはないチョウ以外の虫でも、親虫で冬を越すものは、ほとんどがこのタイプの休眠をしている。

ただし、オスでは話はちがうことが多い。オスは秋のうちからせっせと精子をつくっている。そしてごっそりと精子をためこんでいる。けれど冬になって寒さがやってくると、それらの精子は再吸収されてしまい、あらためて春になってからつくり直されることが多い。

そして多くの虫たちが本当の春の到来を知るのは、暖かさというあてにならないものではなく、日が長くなったという天文学的に信用できる手がかりによっているのである。

12 冬咲く花

地球温暖化とかなんとかいわれながら、冬になればやはり寒い。窓から外を見れば、冬枯れの景色である。南国沖縄でも二月は冬だ。チョウの姿もほとんどなく、ヘビも短い期間ながら冬ごもりする。ハブをあまり気にせずに野山を歩ける季節である。

だが、こんな冬をえらんで花を咲かせる植物もあり、その花にやってくる虫もいるのだ。だれでも知っているのは梅である。

たいていの植物が冬の休眠に入っていて、かたく芽を閉じているときに、梅は花芽をほころばせる。そして、たいていの虫が生理学的にうまく仕組まれた冬の休眠に入っていて、ほとんど呼吸も止めてしまっているときに、ただじっと寒さに耐えているだけのハエたちがいて、日が照りさえすれば、寒風にもめげずどこからか飛び出してきて、梅の花に集まってくる。そして梅の花はちゃんと受粉され、梅雨どきともなればたくさんの青い梅がなる。

梅はそれを知り、予期している。けれどもやはり疑問がわく。梅はなぜこの寒いときに花を咲かせることにしたのだろう？　他の多くの花のように、もっと暖かくなってから花を咲かせてもいいはずだ。ほとんどの花がそうしているのだから。

寒いときに咲く花には、それなりに寒さに負けぬしくみが必要だ。花びらが霜にやられてしまったら、ハエたちは来てくれないだろう。花としての目印がなくなってしまうからだ。そして、かんじんのおしべやめしべが凍えてしまったりしたら、もう実はつけられない。そうなったら花を咲かせたことの意味はなくなってしまう。

寒さに凍ったりしないようにするために、植物は体内の糖分濃度を高めるなど、いろいろな手をうつ。その労力を節約しようとして、多くの木が冬には葉を落とすのだ。

梅も冬は葉を落とす。にもかかわらず、葉よりももっとデリケートであるはずの花を、真冬の二月に咲かせるとは、きっと何か理由があるにちがいない。

13　葉を落とすか落とさないか

三月になると、気の早い植物は芽をひらき始める。こんなところに、と思う地面にみずみずしい若芽が伸び出し、枯れ木同然だった小枝に芽がふくらんでくる。

これらの植物はいわゆる落葉植物だ。冬の寒さで葉が凍ったり、冬の乾燥で大切な水分を失ったりしないよう、すっかり葉を落として、寒い温帯の冬を乗りきってきたのだ。

もっと暖かい暖帯では、植物はそのような対応をする必要がない。亜熱帯や熱帯だったら、ますますである。植物は寒さを逃れるために葉を落としたりする必要はまったくなく、日光を最大限に利用してどんどん成長したらよい。

けれどそういう暖かい土地から北の温帯に進出しようとした植物は、冬には葉を落とすという対応を迫られた。そこで、今われわれが見ている植物たちの大部分が落葉植物なのである。

温帯では、寒いのは冬の間だけである。もっと寒い期間が長い寒帯や極地だったら、植物はどうするのだろうか。たいていの植物は葉を落として、長い冬に耐えるのだろうと思われる。

ところがじつはちがうのである。

寒帯でも落葉しない常緑樹がたくさんある。多くの針葉樹がそうである。彼らはかんたんに凍ったりしない丈夫な葉をつけて、冬の厳しい寒さを乗りきる。けれど、針葉樹にも、カラマツのように葉を落とすものもある。

北極圏だったらどうだろう。じつは北極圏に生えている背の低い、とても木とは思えない極地の木は、ほとんどが常緑植物で、落葉しないのだ。冬に葉を落としたりしていたら、やっと少し日がさしはじめたときにすぐ太陽光を利用できない。雪の下はきっとそれほど寒くはないのだろう。彼らは雪の下で真っ暗な冬を耐え、極地の春がきたらすぐさま花を咲かすのである。日本の高山植物も同じである。冬のしのぎ方もさまざまなのだ。

14 糞虫に便乗するダニたち

オーストラリアの有名な話がある。衆知のとおり、オーストラリアは牛肉の大産地だ。広い大陸の牧場にたくさんの牛が放牧されている。

ところが、大きな産業にはつきもののことながら、困ったことがおこってきた。牛たちの糞で大量のハエが発生し、どこもかしこもフェース（顔）フライという小さなハエだらけになってしまったのだ。おまけに牛の糞はかなりの広さで地面に広がる。それが乾いてこちこちになった場所には草が生えない。オーストラリア全体では、そのようにして無駄になった部分の面積は莫大なものになる。

そこで、アフリカから糞虫を輸入して、牛の糞を始末させようということになった。オーストラリアにも糞虫はいるのだが、それらはカンガルーその他のする小さい乾いた糞に適応していて、牛のどろどろした大量の糞は嫌うのである。だが、アフリカの糞虫は、ゾウを始めとする巨大な糞に慣れている。

糞虫作戦が始まった。まず気になったことは、糞虫には必ず小さなダニがついていること。このダニはいったい何なのだ。悪い病気を媒介したりしないだろうか。糞虫の血を吸って、糞虫を弱らせたりしないだろうか。

やがてわかったのは驚くべきことだった。このダニは糞虫を無料タクシーにしているのだ。つまりこういうことである。このダニは糞に産まれたハエの卵を食べて殖える。卵からかえったばかりの小さなウジも食べる。けれどいかんせん、体長一ミリに満たない小さなダニでは、ハエが卵を産みにくる新しい糞を探して草原を歩きまわることはできない。そこで、同じく新しい糞を探して飛びまわる糞虫に便乗することにしたのである。

糞虫にしても、ダニはありがたい存在だ。自分たちの大切な食物である糞を食べてしまうハエのウジを、連れてきたダニが征伐してくれるからである。

15
便利と女王

ヒョウモンチョウ（豹紋蝶）というチョウをご存じだろうか。少し郊外にいけば見られる中型のチョウで、はねの表はオレンジ色、ヒョウのような紋のある覚えやすいチョウだ。

ヒョウモンチョウにはいろいろな種類があるが、たいていは毎年六月から七月にかけて、親のチョウがあらわれ、夏の花のみつを吸いにくる。そして――そしてまもなく姿を消してしまうのである。

彼らはどこへいってしまうのか。もちろん死んでしまったわけではない。

彼らは涼しい山地に〝避暑〟にいくのである。だから平地の町はずれでは見られなくなってしまうのだ。

日本より涼しいヨーロッパでは、彼らは夏も平地にいる。しかし、初夏のころのように彼らを道ばたの草地で見かけることはない。

かつてドイツの昆虫学者マグヌスは、近くの山の上から見下ろして、夏のヒョウモンチョウは林の梢のてっぺんにいることを知った。そこで林の中に高いやぐらを組み、そこから彼らの生活を観察した。彼らは夏の間じゅう林のてっぺんにいて、葉にたかったアブラムシの出す甘い汁（〝甘露〟と呼ばれている）を食物としているのである。秋になると、ヒョウモンチョウは、ドイツでは林のてっぺんから地上へ、日本では山から平地へと下りてくる。そして卵を産みはじめる。

ヒョウモンチョウの仲間の幼虫は、スミレの葉を食べて育つ。だから親のチョウは林の中を飛びまわって、スミレの生えているところを探す。

だが彼らは、スミレを見つけても、他のたいていのチョウのように、その葉に卵を産みつけることは決してしない。スミレの葉は間もなく枯れて、木枯らしに吹き飛ばされてしまうことを彼らはちゃんと〝知って〟いるからである。

そこで彼らはスミレの存在を確かめたら、できるだけ近くの木の幹や石に卵を産む。春、そんなところで、卵からかえった幼虫は、スミレの新芽まで歩いてゆかねばならない。けれど、葉っぱもろとも木枯らしで飛ばされてしまうより、このほうがはるかに安全なのだ。

16 八年ごとの秋

キシャヤスデという名の虫がいる。キシャとは汽車のこと。よく地面を這っているあまり気持ちのよくないあのヤスデの仲間。

ヤスデは、ムカデと似ているがムカデのように咬んだりせず、落ち葉などを食べているおとなしい虫である。そのかわり、体に青酸カリに似た毒をもっているので、たいていの動物はヤスデを食べたりしない。だからムカデのようにいやらしく走ったりせず、体の節に二対ずつ生えた短い足で、ゆっくり歩いている。

ところでキシャヤスデには、なぜ汽車ヤスデなどという妙な名がついたのだろうか。体節のつながった様子が汽車に似ているからか？　いや、そうではない。

それはキシャヤスデがしばしば汽車を止めてしまうからである。

キシャヤスデは八ヶ岳山麓の高原地帯に住んでいる。そして八年目ごとに大発生する。大発生しているときはものすごい。地面はキシャヤスデの大群に埋めつくされ、夜、それとは知らずに歩いていた女子大生の一団が、足元で何かがたえずプチプチいうので何気なく懐中電灯で照らしてみて、恐怖のあまり立ち往生したという、インディー・ジョーンズの映画のような話もあるくらいだ。

こんなヤスデの大群がいっせいに小海線の線路を横切る。そこへ汽車がくる。ヤスデの群れを轢《ひ》いた車輪は、ヤスデの油でスリップし、汽車は動けなくなってしまう。こんなことがよくおこった。これがキシャヤスデの名の由来である。

だが、なぜ大発生は八年目ごとにおこるのだろう。信州大学の藤山静雄さんが、キシャヤスデを卵から育ててみた。なんと、体長四センチほどしかないキシャヤスデは、育つのに八年かかるのだ。

温度を一定にして飼うと、キシャヤスデはほとんど成長しない。育つには季節の移り変わりが必要で、それでも発育完了には八年もかかる。そして八年目ごとの秋、親となって卵を産むのである。いったい何を考えているのだろうか。

17 〝一七〟の謎

昔からもっと有名な虫が知られている。アメリカの一七年ゼミである。

このセミはその名のとおり一七年目ごとにあらわれる。その年にはあたり一体が一七年ゼミだらけになり、その鳴き声のすさまじさは、耳も裂けそうなくらいだと、本に書いてあったのを憶えている。

一七年目ごとの出現の理由は、キシャヤスデの場合と同じことで、このセミは卵から親ゼミになるまでに一七年かかるのである。

なぜそんな気の長いことをしているのかと、昔からいろいろな議論があった。

なんとなくもっともらしいのは、一七年に一度、大量にまとまって親ゼミがあらわれると、その数の多さと鳴き声のけたたましさに、天敵である鳥たちが恐れをなすからだという説である。

だがそれなら、とくに一七年である必要はない。事実、アメリカには、一三年目ごとにあらわれる周期ゼミがいる。しかし一二年ゼミとか二〇年ゼミというのはいない。

そこである人がこんな説を出した。重要なのは、一七という数も一三という数も、一とその数自身でしか割り切れない〝素数〟であることだ。それによってこれらの周期ゼミは、寄生虫から逃げようとしているのだというのである。

つまり、一七年ゼミの親ゼミに寄生しようとする寄生虫は、自分も一七年目ごとにあらわれる必要がある。セミの周期が一二年だったら、一二は二でも三でも四でも六でも割り切れるから、寄生虫はたとえば二年目ごとにあらわれていれば、六回に一回は大量のセミに出会える。その間は何か他の虫で細々としのいでいけばよい。けれど、一七か一三という素数年の周期で出現されると、正確にそれに合わせねばなるまい。それは大変なことだろうというのである。

残念ながら、この説の真偽のほどは明らかではない。

18 体の改造

動物たちは環境を思い思いのやりかたで利用しながら生きている。同じ一つの環境でも、動物たちの生きかたはさまざまなのだ。

けれど、ある環境である生きかたをしようとすると、体の構造にもさまざまな必要が生じる。たとえば鳥だ。鳥は地上の環境を広い範囲にわたって生きようとした。つまり、地面の上だけにしばりつけられず、空に舞い上がって飛び、しかも地上や木の上で休み、繁殖しようとした。そして実際、そのように生きている。

だが、重力に逆らって空を飛ぶのは大変なことだ。そのために鳥はその祖先である恐竜の体に大改造を加えねばならなかった。飛ぶためにはまず翼をもたねばならぬ。鳥は恐竜の前肢を翼に変えてしまった。じつに思い切った用途変更であった。

けれど、翼があればそれで自由に飛べるほど話は甘くはない。重たい頭と長い尾が邪魔になる。頭を軽くするにはどうしたらよいのか。

頭が重いのは、一つには歯があるからだ。そこで鳥は、口で食物を咬むことをやめて、歯をなくしてしまった。

長くひきずった尾も、飛行のためには無用である。鳥は尾を根元から落としてしまった。

しかし、咬まずに飲みこんだ食物はどうするか。まさか流動食ばかり食べているというわけにはいかない。やはり、咀嚼《そしゃく》の機能を持つ器官が必要だ。

そこで鳥は、恐竜にもともとあった胃を、すりつぶし用の臼に作り変えた。胃の壁の筋肉をうんと厚く、強力にし、一方、胃の中に砂粒や小石をとりこんですりつぶし効果を高めることにした。これがあの独特な歯ごたえで人々に賞味されている〝砂ずり〟、〝砂ぎも〟である。そして航空力学上、このずっしりと重い胃は、体の重心にあたる位置に据えつけられた。

19 体の改造（2）

頭を軽くし、尾を切り捨て、翼をつける。さあこれで飛べるだろうか。ことはそれほど簡単ではない。航空力学の要求はまだまだある。

翼を動かす動力はどうするのか。もともと筋肉の力で動かしていた前肢を翼に変えたのだから、翼も筋肉で動かすほかない。けれど動きに逆らって、体を空中に浮かせるには、莫大な力が必要だ。鳥は巨大な筋肉を発達させざるを得なかった。この筋肉――飛翔筋――が〝ささ身〟である。

しかし、筋肉には支点がなくてはならぬ。大きな力を出すために、がっちりした支点がいる。鳥は体を頑丈な箱に変えてこの要求に応えた。

一個の頑丈な箱になってしまった鳥の体は、もう前へかがむことも、うしろへそり返ることも、左右へ向くことも出来ない。餌を食べたり水を飲んだりするために、前かがみになったら、すとんとこけてしまう。

そこで鳥は、もともと長かった爬虫類の首を長いままに残した。それればかりでなく、首は自由自在に下へも上へもうしろへもまわるしかけにした。これによって鳥は、下にある水や餌を摂ることができ、後方に不安を感じたら、首をぐるりとまわしてうしろを見ることができるようになった。現在、多くの鳥は、体を動かさぬまま、三六〇度まわりを見ることができる。お尻のあたりがかゆかったら、長い首をまわしてきて、くちばしで掻くことができる。これも結局は飛ばんがための大改造であった。

ひとつを変えれば、ほかのところにも変更が必要となる。がっちりした箱にしてしまった体は、容積がかなり限られていてとうてい伸縮自在とはいかない。内臓はすべてそこに詰め込まねばならぬ。しかも容積ばかりでなく、当然ながら重量制限もある。海外旅行のトランク作りなどとはくらべものにならぬ大変な工夫が必要であった。

20　花を咲かせるとき

何週間ぶりかで、やっと日曜日らしい日曜日だ。おそい朝食をとりながら、ふと小さな庭に目をやった。涼しい夏と、いつまでも暖かい秋のせいで色づきもよくないまま、けれどまだ散ってもいないカエデのとなりで、ミツマタの木のつぼみがもう大きくふくらんでいるのに気がついた。

ミツマタは変わった植物である。木とはいっても、ふつうそれほど大きくはならない。庭に植えられているものでは、高さ二メートルにもなれば大きいほうといえるだろう。それはともかく、おもしろいのはその茎だ。その名のとおり、三つ又に、三つ又に分かれていくのである。

枝の先のほうではかなり不規則になっていることもあるけれど、若い間は感心するほどの律義さで、新しい枝がきちんと三つ又に分かれて伸び、その先に直径一センチぐらいのひらたい球形になった花をつける。三つ又になるとどんな得があるのだろう?

おまけに花の咲く時期が変わっている。うす黄色い、ちょっと見たら花とも思えぬミツマタの花が咲くのは、二月末ごろからなのだ。そのころには、冬越ししてきたハエぐらいしか、花にはやってこない。もっと虫のたくさんいる時期に花を咲かせたら、受粉の効率もよいだろうに。けれどふしぎなことに、冬から春ごく早くに花をつける植物は、ウメをはじめとして意外にたくさんある。

ヤツデやサザンカのように、秋おそくから初冬にかけて花を咲かすものも多い。初夏の果物であるビワは、一二月の初めごろ、高い木の上に花を咲かせる。美しい花びらも、これといった匂いもないから、ビワの花に気づく人はほとんどない。けれどこれから冬越しに入ろうとする虫たちは、競ってこの花にやってきて、冬への貯えにみつを吸う。

真冬にだけ姿をあらわすセッケイカワゲラの仲間やクモガタガガンボという昆虫と同じく、

植物たちの思惑もさまざまなのである。

21 春の手品

三月になると、どこからともなく小さな昆虫たちがでてくる。暖かい日差しの中をすかして見ると、小さな虫が日にキラキラ光りながら飛んでいるのに気がつく。

昔、東京の渋谷に空き地や〝原っぱ〟があったころ、小学生のぼくはこういう虫たちを見るのがたのしみだった。そのころは気候が寒かったのか、ぼくらの生活が貧しかったのか、とにかく冬はとても寒く感じられた。

だから、二月も終わり、三月に入って寒さも少しゆるんだような気のする夜、しとしとと降る雨の音を聞いていると、この雨で冬の乾きからよみがえった黒い土の中で、草のたねや球根から芽が少しずつ伸び出していくように思われて、心も温まった。

三月も半ばになり、ほんとうに寒さもゆるんだ日がくると、ぼくは矢も楯《たて》もたまらず、小さな虫たちの姿を求めてそこらを歩き回った。

よく気をつけて見ていると、そここに小さな虫が飛んでいる。そんな虫たちがぼくには春が来たうれしい印として、ほんとうに輝いて見えた。

それは名前もわからない小さなハエのような虫だったり、小さな小さな甲虫だったり、ときにはぼくでももう名を知っているマグソコガネだったりした。立派なクワガタやカブトムシのいる夏だったら気にもとめないであろうそんな小さな虫たちが、ぼくにはとても大切なものに思われた。

あの寒い、関東の空、風で乾ききった冬の間、この虫たちはどこにどうしているのだろう。虫たちの姿が見たくて、原っぱのあちこちを掘ってみたりしたが、虫は偶然にしか見つからなかった。

冬を越している虫を見つけるのは、ほんとうにむずかしい。けれど春になると、彼らはどこからともなく姿を現すのだ。ぼくにはそれが自然の見事な手品のように思える。

22 ギフチョウの夏と冬

今年も〝春の女神〟ギフチョウの季節がやってくる。かつてぼくは、ギフチョウがなぜ一年に一度だけ、林に木の芽もわかかぬ早春に現れるのか、ふしぎに思った。

そのころに知られていたのは、多くのチョウやガのサナギや卵は、寒い冬を越している間に〝活性化〟され、春がきて暖かくなったら発育を始める能力を獲得する、ということだった。

冬、寒い目にあわせないよう、サナギでずっと暖かい部屋においておくと、春になってもサナギはチョウにならないのである。反対に、夏から秋にかけてまだ暖かいうちにサナギを冷蔵庫にいれて、二ヵ月ほど冷却してやり、それから暖めてやると、真冬にでもチョウがかえってしまう（今、あちこちの昆虫園では、この方法で冬にチョウを飛ばしている）。

ギフチョウも同じことなのだろうか？　農工大（当時）の會田重道君を中心とするぼくらのグループは、ギフチョウのサナギを、夏に冷蔵庫に入れて冷してみた。そして八月の終わりごろ、サナギをふつうの部屋に戻した。チョウになったものは一匹もいなかった。サナギを解剖してみてもチョウの体はできていなかった。そんなサナギを見ているうちに、ぼくはふと思った。もしかすると、まったく逆なのかもしれない。つまり、ギフチョウは夏の暑さで発育できないのではないか。

当時、クーラーはぜいたくで高価なものだった。ぼくらは一日中水を流した箱の中にギフチョウのサナギをおいてみた。サナギは夏の暑さによわることはなく、涼しい日々をすごした。

二ヵ月後、ぼくらはサナギを解剖してみた。サナギの中心に立派なチョウの体ができていた。その後のいろいろな研究で、ギフチョウのサナギは、秋、涼しくなってから発育をはじめ、冬中かかってチョウの体が完成するのだということがわかった。

冬をサナギで越して、春、親になるチョウはたくさんいる。外から見ていれば同じだが、冬の過ごしかたはさまざまなのだということを、ぼくはしみじみ実感した。

23
春に現れるチョウ

春に現れるチョウにもいろいろな生き方のものがある。ギフチョウは前の年の夏から、秋、冬をずっとサナギで過ごしてきて、早春にチョウになる。アゲハやモンシロチョウは冬を越してサナギから、日本中部では四月ごろチョウがでてくる。そして秋までに数回チョウが現れる。

一方、黄色いキチョウやモンキチョウは、前の年の秋に現れたチョウが、そのまま冬を越して、春、暖かくなると冬に身をひそめていたどこからか飛び出してくる。あのデリケートな体のチョウが冬に何ヵ月も身をひそめているのは大変なことだ。だからこういうチョウが、春に姿を見せたときは、はねがもうぼろぼろになっている。

幼虫で冬を越して、春早くに急いでサナギになり、四月にはチョウになるものもいる。ミヤマセセリというチョウなどがそれである。〝急いで〟といっても、サナギがチョウになるには二週間はかかる。ミヤマセセリは幼虫がクヌギの若葉を食べるから、それにあわせて親のチョウが現れて卵を産む必要があるのだが、なんで幼虫で冬を越さねばならないのか。クヌギは芽を吹くのが遅いから、サナギで冬を越したのでは、親が早く現れ過ぎるのであろうか。どうもよくわからない。このようなことにはそのチョウの進化の長い長い歴史もからんでいるからである。

ところで、春と夏に親のでるチョウでは、環境の生き方が春と夏ではまるで違う。春は気温が低く、太陽の日差しも弱い。だから、春に現れる春型のチョウは、太陽光をできるだけ吸って体を温めるようにできている。

昔、実験的に、真夏に春型のアゲハをかえしてみた。それらの春型のチョウをたくさんケージに放し、真夏の午後まで待ってみた。春型のチョウはすべて高温麻痺のため、みんなバタバタと死んだ。夏型のチョウは暑い日差しの中をゆうゆうと飛んでいた。

24 春の夕べのトビケラとカゲロウ

四月半ばのある夕方、京都の鴨川の橋を渡るバスの窓から見た光景に、ぼくは思わず目を見張ってしまった。

時間は七時に近く、そろそろたそがれが川面にもただよってきていて、賀茂大橋にはもう灯がともっていた。

その灯の風下側に、何やらたくさんの虫が群飛《ぐんぴ》していたのに気がついたのである。

虫はその大きさから見てカゲロウかトビケラのように思われた。バスが信号でしばらく止まっていたので、虫の動きがよく見えた。最初ぼくは、時間帯から考えてこれはカゲロウだろうと思った。

トビケラというのはガ（蛾）に近い仲間の虫である。けれどカゲロウはもっとずっとずっと古く、つまり古生代からいる虫で、体のつくりも〝古代的〟である。上下左右に揺れるはげしい動きはやはりカゲロウではなく、しっかりした羽根をもったトビケラ特有のものに思えた。

ぼくが目を見張ったのは、この集団が蚊柱そっくりの群飛をしているように見えたからである。トビケラが蚊柱のような群飛をし、そこで交尾をするなんてことがあるのだろうか？　もしそうだったらすごくおもしろい！

残念ながら、ぼくのこの期待はたちまち裏切られた。トビケラだけが橋の灯に魅かれて集まり、そこから立ち去ることができぬまま、狂ったように飛んでいるだけらしかった。

これはトビケラだったけれど、カゲロウにも同じようなことがおこる。昔、ロシアの生物学者で古く一九〇八年に〝免疫に関する研究〟でノーベル生理学医学賞を受けたイリヤ・メチニコフのことを、ぼくはふと思いだした。その人は乳酸菌が長寿を保たせることを主張した。これが今も使われている整腸剤ビオフェルミンの始まりである。

あるときメチニコフは重い病気になり、もはや死を待つばかりとなった。ある夕方、病室の外の街灯にカゲロウが群がって飛んでいるのが、熱でもうろうとした彼の目に映った。〝たった一日で死んでしまうカゲロウのような虫にも、自然淘汰は働くのだろうか？〟。この疑問が彼の命を救った。彼にはもっと生物学を研究したいというエネルギーがわいた。妻のオリガ・メチニコフが書いた『メチニコフの生涯』という本の一節である。

25 セミたちの苦労

今年もセミの季節がやってくる。セミたちはメスを呼ぶためにああやって一生懸命鳴いているのだが、その昔、昆虫記で有名なファーブルはこのことに疑問をもった。もしセミが鳴き声でメスを呼ぶとしたら、彼らは耳が聞こえているはずである。けれど、セミの体のどこにも耳らしいものは見当たらない。彼らはほんとうに仲間の声が聞こえているのだろうか。

そこはさすがファーブルのこと。さっそく村のお祭りに使う大砲を借りてきてズドンとぶっぱなしてみた。ところがセミたちは一向に気にもかけず、相変わらず鳴き続けていた。ファーブルはこう結論した——セミたちは耳が聞こえない。だから彼らはメスを呼ぶとかいう何かある目的のためでなく、ただ楽しいから鳴いているだけなのだ。

残念ながらこれは間違っていた。彼らはやはりメスを呼ぶために鳴いているのである。大砲の音は彼らに聞こえる音の範囲を超えていたのだった。

それでもぼくにはどうにも不思議なことがある。マレーシアの北ボルネオでは、夕方六時になるとかならず鳴き出すセミがいる。クォーツというような声で鳴き始め、一節鳴くとすぐ飛び立って別のところへ移ってしまう。メスはオスの声を聞いてそこへ飛んでゆくのだから、オスがこんなに次々と場所を変えていたらメスはちゃんとフォローできるのだろうか。

日本のクマゼミでも似たようなことが見られる。ワシワシワシーと一節鳴き終えると、オスはあわただしく飛び立って他の木に移るのである。追いかけるメスも大変だろうとつい同情してしまった。

けれど、オスのほうにも理屈はある。鳴くということは自分の居場所を敵に知らせているということだ。ひとところに留まっていたら命が危ない。だからひと鳴きしたら早々と場所を変えねばならないのだ。とにかく虫たちも大変である。

26 セミたちの不可解

夏はセミの季節である。春に現れるハルゼミの仲間や、秋おそくに現れるチッチゼミなどというものもあるが、ニイニイゼミにはじまって、アブラゼミ、ミンミンゼミ、クマゼミ、ヒグラシなど、大部分のセミは夏に出てくる。そしてツクツクボウシが鳴きだしたら、夏もいよいよ終わりである。

セミたちは都会でもけっこう強い。東京でも木のたくさんあるところなら、セミたちがたくさんいて、その鳴き声はすさまじいほどである。二週間ぐらいしか生きていない親のセミにくらべて、その幼虫が育つのには数年かかる。その間、幼虫たちは地中にいる。

地中には自動車の排気ガスもそれほどには滲みこんでこないだろう。だからセミたちはあのチョウチョ一匹いない都会の真ん中にも生きていられるのだ。

セミが鳴くのは、メスを呼ぶためである。けれど、鳴いているオスゼミのところへメスがやってくるのを見ることはなかなかない。鳴き終わるとすぐ飛び立ってよそへと移ってしまうオスゼミたちを見ていると、よくまあメスは夫を手に入れるものだと感心する。

メスは卵を必ず木の枯れ枝に産む。生きている枝に産みこんだら、木のほうがそれに反応して、ヤニを分泌する。そうしたらセミの卵は殺されてしまう。だからメスは、必ず枯れ枝を探してそこに産卵せねばならないのである。

小枝の上で卵からかえったセミの小さな幼虫は、地上に落ちて土にもぐりこむ。体は小さくて軽いから、高いところから落ちても平気である。

土にもぐりこんだら、幼虫は木の根を探してそれに口吻を刺して汁を吸う。ところが、木の汁というのは栄養価がおそろしく低い。とても木の葉には及ばない。だからセミの幼虫は育つのに何年もかかるのだ。

彼らはどんな生き方をしているのだろうか。日本にも少しいるクサゼミの仲間は、栄養価の高い草の汁を吸って一年で親になる。こうして一年で親になれたら自分の子孫をどんどん殖やせるだろうに。

そこらがセミたちのじつにわからないところである。

27 虫たちにとっての九月

九月になると秋らしくなってくる。台風の季節でもあるが、嵐の過ぎ去ったあとは秋晴れの空が美しい。暑く長かった夏もいよいよ終わり、秋分にむかって日は短くなっていく。

しかし九月の使いかたは、生き物たちそれぞれによってまるで異なるのだ。

カラタチの生け垣では、アゲハチョウやクロアゲハの今年最後の幼虫が育っている。夏休みは終わってしまったから、学校の宿題用にと捕まえられて、小学生の机の隅のびんの中で飼われることもない。

アゲハの幼虫たちは、もうだいぶ短くなった日の長さを感じながら、カラタチの葉を一生懸命食べて育っている。彼らにとって九月とは、冬越しの準備にはげむときだ。

準備のできたものから順番に、幼虫たちはサナギになっていく。これらのサナギは晩秋にどれほど暖かい日が続いても、チョウになってしまうことはない。

ギフチョウのサナギにとっては、九月はまったく違う季節である。暑い夏の日々を眠って過ごした彼らは、九月の涼しさで目覚める。そして、サナギのからの中で、チョウの体ができはじめる。チョウがすっかりでき上がって翌年の春〝春の女神〟となって舞いでるには、たっぷり半年はかかる。

涼しい山の中で避暑としゃれこんでいたアキアカネたちは、九月になると平野部に帰ってくる。平野部には台風のおきみやげの水たまりがたくさんある。トンボたちはつがいになり、秋の日に輝く水面に卵を産みつけていく。

山の小さな沢の底で、四月から餌も食べず成長もせずにひたすらじっとしていたセッケイカワゲラの小さな小さな幼虫たちは、九月が来てもまだ眠ったままだ。水の中に落ちた木々の枯れ葉を食物にする彼らにとって、今はまだ目覚めの時ではない。彼らはできるだけ水に流されぬよう、沢の底にしがみつきながら、一一月の落ち葉の季節を待っている。

28　モンクロシャチホコの季節

今これを書いている部屋の窓から、桜の木が何本か見える。

四日ほど前、その一本の枝先の葉が一〇枚ばかり何者かに食われて坊主になっているのに気がついた。その根元のあたりの葉をよく見ると、小さな黒いいもむしが二〇匹くらいたかっている。今は八月の末。〝ああ、あれだな〟とぼくは思う。

〝あれ〟というのはモンクロシャチホコのことだ。シャチホコガというガの仲間で、幼虫が桜の葉を食べて育つ。シャチホコという名は、幼虫のいもむしが何かに驚くと、体の前端部をぐっとのけぞらせ、同時に後端部も持ちあげて、名古屋城の金のシャチホコのような姿をとるからである。ただしどういうわけか、このモンクロシャチホコの幼虫はこういうことをしない。いずれにせよ、モンクロシャチホコはぼくにとって不思議な虫であったし、今もなお、不思議な虫である。

モンクロシャチホコの幼虫が現れて桜の葉を食いつくしはじめるのは、きまって夏の終わりである。というのは親のガが七月末から八月初めに現れて、卵を産むからだ。九月に入ると、桜の木はほとんど丸坊虫になってしまうが、そのころにはすっかり大きく育った幼虫は地中にもぐってサナギになる。

サナギは地中で秋を過ごし、冬を越す。そして春になっても普通のチョウやガと違って親にならない。そのまま地中で眠り続ける。そして夏も大半終わったころ、やっと親のガとなって卵を産むのである。どうしてこんなことができるのだろう?

幼虫たちが食べる桜の葉はもう落葉を控えてほとんど栄養分がない。幼虫はわざわざそんなものを食べるのだ。おかげで桜は丸坊主にされてもほとんど実害をこうむらない。

29 タヌキの季節

今年の七月ごろから、ぼくらの家の庭にタヌキが姿を現すようになった。夕方、少し暗くなると、のらネコ用においてある餌を食べにくるのである。

初めは一匹。大人のオスだった。間もなくメスの大人もくるようになった。おかしいな、この季節は子供を連れているはずなのに……とふしぎに思っていたら、そのうちに子供たちもやってくるようになった。初めのうち、子供は二匹だった。

タヌキは普通四〜五匹子供を産む。かわいそうに二匹しか育たなかったのかな、と思っていたら、なんとある晩、四匹の子供が現れた。

タヌキは一夫一妻で、いつも家族で行動すると聞いている。これまでの間、子供たちはどこでどうしていたのだろう?

タヌキの子は、六月ごろ生まれる。哺乳類としては例外的に、父親も巣の中で子の世話をする。七月になると、両親と連れだって餌あさりにでる。餌は小動物や果実や種々雑多。いわゆる雑食性である。小さな昆虫も食べるという。山本(小林)伊津子さんがタヌキの子育てや、よく知られた溜め糞の研究をしていた時、飼っているタヌキの夫婦にシロネズミを与えてみたことがある。

どうやらタヌキはネコやイタチのように一撃で獲物を倒すすべは持っていないらしい。何度も何度もかみついて殺す。そして腹の内臓から食べはじめ、最後に皮だけを残した。山の中でノネズミの干からびた皮を見つけたことがあったが、そのときはどうしてこんなことになるのか、僕はわからなかった。おそらくはタヌキの狩りの結果だったのだろう。

一一月になると、子供たちは育ちあがって、ヤングアダルトになり、散ってゆく。高速道路でタヌキがたくさん轢かれるのもこの頃である。一二月には新しいペアができ、婚約者たちは春の交尾期まで仲良く暮らす。その間に夫婦の絆が確立するのである。

30 フンバエの場合

生きものたちが環境をどう生きているかと考えるとき、いつも思いだすのはフンバエのことである。

フンバエ——糞バエ——とはその名のとおり、牧場のウシのふんに卵を産み、幼虫がそのふんを食べて育つ小さなハエだ。

牧場でウシがどぼどぼっと大量のふんをする。水っぽいふんが少し乾きはじめたころ、オスのフンバエが次々にふんに飛んでくる。彼らはやがてそこにやってくるであろうメスのフンバエを待っているのである。

メスが飛んでくると、オスたちはわれこそはと先を争ってメスを手に入れようとする。たちまちにしてオスたちの間にはげしい闘いがおこる。そして闘いに勝ったオスがメスと交尾して自分の子孫を残す。

メスは新しいふんに次々にやってくるから、最初にあぶれたオスにも次の機会がある。けれどオスもたくさんいるので、次は自分という保証はない。

そうやって何日かするうちに、ウシのふんは乾いてくる。干からびたふんは卵を産むには適さない。だから、やってくるメスの数はだんだん減ってくる。お目当てのメスが少なくなってくると、オスたちも次第に飛び去って、新しいふんを探しにいく。

さて、まだ残っているオスたちはどうすべきか。もうこの古いふんを捨てて、他へ移るか？それでも、まだときどきやってくるメスはいる。メスがやってきたとき、オスが彼女を手に入れる率は高くなっている。メスの数は減っているけれど、競争相手のオスの数も減っているからだ。メスはたくさんいて次々にやってくるけれど、それをめがけてひしめくオスの数も多い新しいふんにいるときより、可能性は高いのだ。ならばもう少し踏みとどまるべきか？ オスたちは意思決定をせまられている。

同じ一つの環境でも、それを生きる生きかたはじつにさまざまなのである。

Ⅱ

僕らはみんな生きている

アリのコンパス

梅雨空も残っているとはいえ、もう夏だ。

ふと足下に目をやると、小さなアリたちが走りまわっている。

アリたちは餌探しに忙しいのである。不運にして死んだ虫、子どもが落としたお菓子のかけら。何でもよい。自分たちが食べられそうなものなら、大急ぎでくわえて巣に持ち帰る。その真剣な働きぶりには敬服するほかはない。

けれどアリたちもたいへんである。

餌を探して歩きまわるとき、彼らはあてずっぽうに歩いている。こっちへ少しいってみては、急に向きを変えてちがう方向へ探しにいく。そっちもだめならまた変更。そうやってあちらこちらとさまよったあげく、やっと食物のかけらに出合う。

とにかくアリたちは目が遠くまでは利かないのだ。五センチより向こうはたぶん見えないだろう。では鼻が利くかといえば、これもだめである。そもそもアリには鼻はなく、匂いを嗅ぐのは触角だ。けれどこれも遠くはだめである。触角でさわってみれば、相手が同じ巣の仲間であるかどうかという微妙なことまでわかるのだが、遠くの匂いを嗅ぎつけて、そっちへ走っていくなどということはできないのである。そこでアリたちは、ただただ餌のかけらに偶然にぶつかるまで、ひたすら歩きまわるほかないのである。だからアリたちは、みんなあのように忙しそうに走りまわっているのだ。では、やっと餌をみつけたらどうするか？　そこでふしぎなことがおこる。餌をくわえたアリは、ほとんど一直線に巣のほうへ向かって歩きだすのである。

あんなにあちらこちらをうろついたあとで、どうして巣はこの方向だということがわかるのだろうか？

なんとアリは、太陽をコンパスにしているのだ。餌を探しに巣から出たとき、アリは太陽の位置を両目で見て、それをしっかり記憶しておくらしい。そして首尾よく餌をみつけたら、目の中の太陽がその位置にくるような方向に歩きだすのである。

もちろん、もっとちがう方法で巣へ戻るアリもいるが、いずれにせよ、われわれ人間にこんなことがもしできたら、われわれは道に迷って遭難したりしないですむはずなのだが。

体温調節

真夏の八月。昼は強い日光が射し、暑い。こんな暑い夏にはたくさんのチョウが飛び交うような気がするが、真夏の日中には、ふしぎなことにチョウは少ない。

飛んでいるのはモンシロチョウやモンキチョウのような、白い小さなチョウチョだけ。夏のチョウの典型ともいえるクロアゲハとかカラスアゲハのような大きな黒いアゲハチョウたちは、まっ昼間にはほとんど姿を見せない。

これらの黒いチョウたちには、夏の昼間は暑すぎるのである。おまけにその黒いはねが日光の熱を吸収して、体温はますます上ってしまう。彼らは涼しい木かげで休んでいる。そして、夕方近くなって日が傾いたころ、飛びだしてきて花を探す。

さもなくば、まだそれほど暑くなっていない朝のうちだ。そんなころ、オスたちは一生けんめい飛びまわってメスを探す。昼になったらもうお休みだ。

同じアゲハチョウの仲間でも、黒と黄色の縞もようをしたナミアゲハはまたべつである。この連中は真夏の日中でも平気で飛びまわっている。けれど夕方になって日が傾いたらもうどこかへとまって休んでしまう。

ナミアゲハのはねは、太陽熱を吸収しにくくできているのである。だからまっ昼間でも平気なのだが、日が傾くと今度は寒くなってしまうのである。

複雑なことに、その同じナミアゲハでも、冬を越して春先にチョウになった「春型」のチョウは、太陽熱をたっぷり吸収できるようなはねをもっている。だから春型のナミアゲハは、まだひんやりとした三月末や四月初めでも、天気がよくて日が照っていれば、元気に飛びまわっている。けれど、ちょっと日がかげったらもう飛べない。

この春型のチョウが産んだ卵から育つ「夏型」のナミアゲハは、体温に関してはまったく逆である。同じ種のチョウなのにこのちがいは驚くほどである。われわれ人間のように、まわりが暑くても寒くても体温を一定に保つことのできるしくみをもっていない虫たちは、それなりに苦労しているのだ。

何を食べるか

秋にはなっても、いろいろな木や草の葉には毛虫や小さないも虫がついている。みんな冬がくるまでに草木の葉を、しっかり食べて育っておこうとしているのである。

けれど、毛虫やいも虫は幸せだ。食べる草木の葉はたくさんあり、じっとしていて逃げたりしないので、食べたいだけ食べられるからである。

もちろん、望む草木の葉にたどりつくまでに努力の必要な場合もある。親がちゃんと葉っぱの上に卵を産んでくれる虫はいいけれど、木の幹に産まれた卵からかえって、せっせと高い梢まで歩かねばならない虫もいる。だが、いずれにせよ、葉っぱのあるところに達したら、あとは手あたりしだいに食べるだけだ。しかし鳥にはすぐみつかって、自分が食べられてしまう危険も大きい。

さまざまな虫の中には、他の虫を食べて育つ虫もいる。

だれでもよく知っているのはトンボやヤンマである。トンボやヤンマの幼虫は水の中にいて、他の虫や小さな魚とかオタマジャクシなどを捕えて食う。それは狩りである。トンボやヤンマの幼虫は一般にヤゴと呼ばれている。ヤゴの口は独特な形の捕獲用あごになっており、鋭い目でえものをみつけたヤゴは、そろそろとえものに近づき、目と脳のコンピューターで距離を計って、一瞬のうちにその恐しいあごを突き出す。次の瞬間、えものはこのあごに捕えられている。この「一瞬」はまさに一瞬、二〇〇分の一秒しかかからない。

穴を掘ってそこにひそみ、他の虫が通りかかるのをじっと待つという虫もいる。アリジゴクがその代表だ。

アリジゴクはだれでも知っているとおり、家の軒下や大木の根もとなど、雨がかからずさらさらした砂のような土のあるところに、すり鉢型の穴を掘ってその底にじっと身をかくしている。アリなどのような虫が通りかかってたまたまこの穴に落ちこむと、一気に襲いかかる。

けれど、えものはいつ通りかかるかわからない。アリジゴクは長い間餓えに耐える。そして、親つまりウスバカゲロウになるまでに、何年もかかることがあるという。

チョウと草を結ぶ糸

ジャコウアゲハというチョウがいる。アゲハチョウの仲間で、本州の秋田県・岩手県より南から四国・九州・沖縄まで、広く日本の平地や山麓に住んでいる、かなり大きな優雅なチョウである。

このチョウの幼虫は、ウマノスズクサという草の葉を食べて育つ。たまたまこの野生のつる草が好んで生えている明るい林のへりとか、あまり人の手が入っていない植え込みとかやぶのあたりにしか、このチョウはいない。きれいに手入れの行き届いた公園などには、まず絶対にいない。ウマノスズクサが雑草として刈りとられてしまうからである。

ウマノスズクサがないと、ジャコウアゲハは生きていけない。それはこの草が、このチョウの幼虫の唯一の食物であるからなのだが、京都大学の西田律夫先生たちの研究で、そこにはじつに驚くべき関係があることがわかった。

ウマノスズクサはある意味では毒草であって、アリストロキア酸という特殊な味と匂いの有毒物質を含んでいる。だからジャコウアゲハの幼虫以外にはこの草を食べる虫はほとんどいない。

けれどジャコウアゲハのメスは、この虫の嫌がるアリストロキア酸の匂いに魅せられて、この草の葉に卵を産む。そして幼虫はこの物質の匂いと味に魅せられてその葉を食べる。育つにつれて、幼虫の体の中にはアリストロキア酸がたまっていく。うっかりしてこの幼虫を食べた鳥は、気分が悪くなってゲロゲロ吐き、その後、ジャコウアゲハの幼虫もサナギも食べようとしなくなる。

親になってもこの物質は体内に残っている。だから鳥はジャコウアゲハを食べようとしない。こうしてウマノスズクサのおかげで、ジャコウアゲハは安全に生きられるのだ。

それればかりではない。卵を産むときにメスは、自分の体内にたまったアリストロキア酸を卵の表面につけて産む。だからアリもこの卵を食べようとしない。そして卵からかえった幼虫はまず自分の卵のからを食べる。ウマノスズクサの葉を食べるその前から、ジャコウアゲハの小さな幼虫は、アリストロキア酸で守られているのである。

どこに産むか

当然といえば当然の話であるが、多くの虫たちは寒い冬がくる前にちゃんと自分たちの卵を産んでおく。

問題はどこに産むかということだ。

ぼくは昔、ドイツのマグヌスという先生に会い、彼の家に泊めてもらって、ドイツワインを飲みながら、夜おそくまで彼と研究の話をしたことがある。

そのときいちばん心に残ったのは、彼が研究していたウラギンヒョウモンというチョウが、秋、どこに卵を産むかという話であった。

ウラギンヒョウモンの幼虫はスミレの葉を食べて育つ。親のチョウが卵を産む秋の初めには、スミレはまだ青々と葉を広げている。

けれど親チョウはその葉に卵を産んだりはしない。あちこち飛びまわってスミレのありかを確かめると、そこにいちばん近い木に飛んでいく。そしてその木の幹の根本近くの樹皮に卵をいくつか産みつけるのである。

チョウはちゃんと知っているのだ。今は青々としているスミレの葉も、冬がくれば枯れる。そして冬の木枯らしにどこかへ吹きとばされてしまう。そんな葉に卵は産んでおけないのである。

だからチョウはいちばん近い木の幹に卵を産む。春になってスミレの新芽が伸びだしたころ、チョウの卵もかえる。そして幼虫はスミレの匂いをたよりに地上を歩いて、葉にとりつき、食べはじめる。

夏の終わり、セミたちも木の小枝に卵を産む。セミの幼虫は木の葉を食べるわけではない。卵からかえった小さな幼虫はすぐ地上に落ち、土の中にもぐりこんで、木の細い根にとりつき、それに口吻をさしこんで汁を吸う。そして適当な太さの根を探しながら、五年か六年の間、地中で成長して、ある夏の夕方、地上へ出てきて親のセミになるのである。

だから、卵はどこへ産んでもいいわけだが、親は枯れた小枝にしか卵を産まない。生きた小枝は慎重に避ける。生きた枝は産みこまれた卵に反応してヤニを出す。そうしたら、卵はヤニで死んでしまうからだ。

冬と過保護

今年の冬が暖かいかどうか、今の段階ではまだわからない。

一般の人にとって暖冬はしのぎやすくてありがたいが、冬物の衣裳や下着を売っている人は困るし、スキー場なども商売にならない。そしてじつは、虫たちも困るのである。

寒い冬の間、虫たちは寒さを避けて冬眠をする。だから冬になると、虫たちの姿はほとんど見られなくなる。家の中のゴキブリもいなくなる。

たしかに虫たちは寒さが苦手である。気温が下がると発育ものろくなる。あまりのろのろと発育するのは、自転車をゆっくり走らすのと同じだ。うっかりすると倒れてしまう。そこで虫たちは寒い冬が近づくと、発育を停止して、パチンと鍵をかけてしまう。つまり「休眠」といわれる特別な生理状態になって、飲まず食わず、呼吸もほとんど止めて、冬の眠りに入る。こうやって虫たちは冬の寒さを耐えしのぐ。

と、かつては思われていた。

ところが実際にはそんな受け身的なものでないことがわかってきた。

そうやって「寒さに耐えて」休眠している虫のサナギを温かい場所に移してやる。寒くてはかわいそうだから、温情を注いで温かくしてやるわけである。

すると何としたことか。サナギはいつになってもチョウにならない。四月、五月がきて、外はもう春になっているのに、冬じゅうホカホカと温められてきたサナギは、一向にチョウになる気配はない。そしてもう秋もくるというころ、サナギはチョウになることなく死んでしまう。

いろいろな研究によって今ではよくわかっていることだが、「休眠」に入った虫たちは、それこそ特殊な生理状態にある。この「休眠」状態から目醒めてまた活動状態になるためには、冬の寒さが「必要」なのである。一定の期間、（少なくとも一ヵ月から二ヵ月間）セ氏五度以下という寒さを経過しないと、虫たちは休眠から醒められないのである。その間に虫の体の中でどんなことがおこっているかも、くわしく調べられている。

だからやたらな暖冬は、虫たちにとってけっしてありがたいことではない。虫たちにも過保護はだめなのである。

動物と人間の間

1. チョウのいる風景

あれはたしか小学校五年生の夏だったと思う。どういう経緯だったかわからないが、父がぼくを奥日光の戦場ヶ原に連れていってくれたのである。

戦場ヶ原はかつて火山の噴火でできた湖が、沼地になり、湿原になり、さらにそれが乾いて草原になりつつある場所である。今からもう六〇年も前のそのころすでに有名だった尾瀬ヶ原（尾瀬湿原）も、いずれはこの戦場ヶ原のような乾いた草地になっていく運命にあるのだと、ぼくが読んだ本には書いてあった。これはぼくに地形の変遷ということを現実に感じさせてくれた。

けれど、父がぼくを戦場ヶ原に連れていってくれたのは、ごく単純な理由からであった。戦場ヶ原はチョウの採集地として有名だったのである。

湿地から草原に変わりつつある場所は、植物も多様であり、したがって多様な昆虫がいる。そして、一般に開けた明るい場所を好むチョウもたくさんいる。何百年、何千年かしてそこが草原から林になり、やがて暗い森林に変わってしまうまでの間、チョウたちはそこで束の間の繁栄を楽しみ、いつの間にかどこかへ移っていくのである。

おぼろげな記憶をたどってみると、父とぼくは浅草から東武鉄道に乗り、日光に着いたらしい。どこで泊ったのかはまったく憶えていない。母も一緒にいったのか、二人の妹はどうしたのか、それもまったく記憶がない。とにかく七月のある晴れた朝、ぼくらは戦場ヶ原の入り口でバスを降りた。

日中戦争が始まってもう何年か経ち、その翌年の暮れには太平洋戦争も始まったという時期である。観光客などの姿もなく、戦場ヶ原にはぼくらしかいなかった。さっそくに捕虫網をかまえて原の中へ入っていくと、ほんとにたくさんチョウがいた。

どれもこれも、ぼくが住んでいた東京渋谷のチョウとはまったく異なって、はじめて目にするものばかり。

おなじみのモンシロチョウなどの姿はない。ナミアゲハもいないし、クロアゲハもいない。小さなシジミチョウも飛んでいるが、その飛びかたからしても、渋谷でいつも目にしていたヤマトシジミやルリシジミではない。

ぼくは頭の中で、カラー写真の入った「天然色」昆虫図鑑のプレートを、必死になって繰っていた。あ、今そこの花にとまって羽を広げている、あれはあのクジャクチョウではないか！

ぼくは夢中で網を振る。

見事につかまえて、網に手を入れ、大切にそのチョウをとりだす。やっぱりクジャクチョウだ。あの美しい派手な羽の表とは異なって、裏はほとんど黒褐色。そうだ、図鑑の説明にはそう書いてあった。

などと感心しているひまはない。もう、また一匹チョウが花にとまった。こんなチョウ見たことない。何だろう？　とにかく網を振る。三角紙に入れて、大切に三角缶に収める。あとで調べよう。

ほらまたきた。今度はシータテハだ。渋谷の原っぱのすみにいつもいるキタテハより、一段ときれいではないか！

ちょっと目を少し遠くへやると、アゲハみたいなのが飛んでいる。即ダッシュ！　ナミアゲハにしては小さい。キアゲハかな？　捕えてみたらやっぱりそうだった。

こうやって網を振っては捕らえ、振っては捕らえしているうちに、興奮も少しおさまってきた。ちょっと落着いた気分になって、戦場ヶ原を見渡す。明るく開けた草地がまぶしく輝いている。ああ、ぼくは今、あの戦場ヶ原にいるのだと、いい知れぬ感慨を覚えたとき、とんでもないものが目に入った。あそこを飛んでいるあのまっ黒いチョウは何だ？

まっ黒いからクロアゲハかオナガアゲハだろう。こんな山の中だからオナガアゲハにちがいない。でもそれにしてはぐっと小さいし、飛びかたもちがう。いったい何だ？

ふたたびぼくの頭の中で、図鑑のページがひらひらする。何だろう、あれは？

夢中で走っていって網を振る。とれた！　緊張と興奮に震える手でチョウを網の中からとりだしてみたら、なんとそれはナミジャノメではないか！

ナミジャノメとはジャノメチョウ（蛇の目蝶）の仲間。幼虫がイネ科植物の葉を食べて育つ、典型的な草原のチョウである。

急いでリュックから図鑑をとりだし、ナミジャノメのところを繰ってみる。色は濃い褐色。モンシロチョウより一まわり大きい。そして、「草原にきわめて普通」と書いてあった。

そう、たしかにイネ科植物の生えた草原には、きわめて普通にいるチョウである。けれどぼくがナミジャノメを見るのは、これが初めてであった。ヒメジャノメ、ウラナミジャノメ、ヒカゲチョウ、キマダラヒカゲなど、同じジャノメチョウの仲間は、渋谷の原っぱにもたくさんいた。またか、と思うほどたくさんいた。けれどナミジャノメは初めてだった。

そしてその色！　飛んでいるときあんなにまっ黒に見えるとは！　だからぼくは、クロアゲハだと思ってしまったのだ。クロアゲハなのにあんなに小さい。日本にそんなチョウがいたかしら？　大げさにいえばぼくはこう思って興奮してしまったのだ！

チョウはふしぎな昆虫である。昆虫であるから四枚の羽（正しくは翅《はね》）をもっている。けれどそのはねは他の昆虫にくらべて格段に大きい。それにはいろいろな理由があるが、第一にはオスに対するメスの信号がはねの色であるからだろう。飛びながらメスを探しているオスの目にとまるためには、メスのはねは大きくなければならないのだ。そしてメスのはねが大きくなれば、それに応じてオスのはねは大きくなる。だからチョウは、抜群にはねの大きい、そして派手な色のはねをもつ昆虫となった。

これがチョウを数多い昆虫の中で、際立った存在にした。昆虫一般については「虫」ていどの語しか与えていないのに、チョウにだけは特別な語が存在している言語が多い。英語でたいていの「虫」はひとからげにしてバッグ（bug）だが、チョウはバタフライ（butterfly）であり、バタフライはバッグではない。「昆虫」はスランガ（serangga）と一括されるマレーシア語でも、チョウにはクプ（kupu）、とかクプクプ（kupu-kupu）という特別の語が与えられている。

つまり、概念としてチョウは一般の「虫」ではないのである。チョウのいる風景は、昆虫のいる風景ではないのだ。

そしてチョウは、この大きなはねを、大きく上下に羽ばたく。こういう飛びかたをする昆虫は他にはない。

多くの昆虫は、はねの角度を変えながら、いわば回転するように動かして飛ぶ。ただし正確にいえば、「回転」は動物には不可能である。そんなことをしたら、肢やはねがねじ切れてしまう。だから動物は、はねや肢を前後に往復運動させ、それによって回転と同じ移動効果を生じさせている。

チョウはそのはねを、前後にではなく、上下に往復運動させる。そのとき左右のはねは、体の上方では、背中の上で左右のがぴったり合わさるように、下方では体の腹側で左右のはねが打ちあうところまで羽ばたく。だから、静かな林の中などで大きなチョウが飛んでいると、左右のはねが上下で打ちあうのに伴って、パサッ、パサッという音がする。

チョウのはねのこの羽ばたきは、毎秒数十回というオーダーである。これはハエやカのはねの毎秒数百から千回という振動数とは桁が一つちがう。ハエやカではそのために、プーンという羽音（はねの振動音）が生じ、ある種のハエではそれをオスメスのコミュニケーションの手段に使っているし、カの場合にはこの羽音が蚊柱の存在を知らせ、そこに新たな個体を呼びよせる信号になっているが、チョウではそのようなことはおこらない。

おもしろいのはチョウのはねのこの毎秒数十回という羽ばたき回数が、人間の目にひきおこす効果である。

人間の目では、このオーダーの動きは残像効果によって、滑らかな一連の動きに見える。われわれにはチョウはひらひらとはねを動かして飛んでいるようにみえる。けれど一〇〇分の一秒というような速いシャッター・スピードで写真を撮ると、上ではねを合わせたり、下ではねを合わせたりしている、奇妙で不安定なチョウの姿が写る。しかしわれわれの目は、それを流れるもののように見てしまうので、オオゴマダラのように極端にゆっくり羽ばたくチョウや、タテハチョウのあるもの（たとえばコミスジ）のように、左右にはねを広げた状態でしばらく滑空するものを除けば、チョウはひらひら飛んでいるようにみえるのである。

同じことは、はねの色についてもおこる。チョウのはねの色は、たいていの場合、表と裏でまったくといってよいほどちがう。極端なのは、南米のモルフォチョウだろう。オスのモルフォチョウのはねの表面はじつに美しく青く光っている。けれど裏はくすんだ灰色や褐色である。先ほど述べたクジャクチョウなどでも、表面は朱色に近い明るい派手なもようだが、裏はほとんど黒である。

チョウが飛んでいるとき、われわれはこの色も「流して」見ている。表と裏の色を、いわば平均して見てしまっているのだ。そこで、飛んでいる多くのチョウの色は、表面ほど明るくなく、裏面ほど黒っぽくなくみえる。

自然の中を飛んでいるチョウが、図鑑で見たのとはまったくちがってみえるのはそのためである。モンシロチョウのように、表も裏も同じように白いチョウは、飛んでいるところから、すぐ図鑑の図版が想像できる。しかし一般にはそうではないのである。

ジャノメチョウのナミジャノメも、モンシロチョウと同じく表も裏も同色、ただし褐色である。裏の濃い暗い色が、表の明るい派手な色で「うすめられる」ことがない。それでナミジャノメはまっ黒に見えたのだ。明るい緑の草原の中で、黒さがよけい強調されたこともあるだろう。それがぼくに、まったく未知のチョウを想像させ、興奮させてしまったのである。

ナミジャノメでのこの経験は、その後も形を変えて何度も味わうことになった。たとえばナガサキアゲハというクロアゲハの仲間。このチョウのメスは前翅が白っぽくて、ほとんど灰色。そして後翅の後半分は白い紋で占められている。図鑑ではよく知っていたぼくは、初めてこのチョウが飛んでいるところを奄美大島で見たとき、完全に困惑してしまった。大きな、まっ白なアゲハチョウが、まっ赤なハイビスカスの花に飛んできたのである。まっ白いアゲハ！　何だ、これは？　ナガサキアゲハのメスだと気づくには何秒かが必要だった。

人間の目のこのいいかげんさにつくづく呆れたぼくは、ずっと後になって、少々奇妙な図鑑をつくった。東海大学出版会の「フィールド図鑑」シリーズで「蝶」を担当したとき、ぼくは思いきって「見たときの色と大きさ」でひく、チョウの図鑑を試みてみたのである。

まず見たときの大きさで、大、中、小（L、M、S）でひく。うんと大きかったり、やけに小さく感じるチョウもあるから、LLとSSもつくった。

そして次は色である。ぱっと見たとき何色に見えるか。たとえばMで黒だったら、そこでひく。それから見た場所と飛びかた。広い草地をゆっくり飛んでいたら、まずそれはナミジャノメ、運よく近くでとまってくれたり、捕らえることができたらよいが、そうでなくても、まずまちがいなく、種名を知ることができる。

この図鑑はかなり評判になった。実際に使ってみた人々からも、ひじょうに便利で有効だというほめことばをたくさんいただいた。

なぜこんな素人っぽい図鑑をつくったのですか？　という質問には、ぼくはいつもこう答えている。「ぼくらはチョウそのものをつかまえて、名前を知ろうとしているわけではありません。チョウのいる風景をたのしんでいるのです。でもそのとき、それが何というチョウかがわかったら、もう一つたのしいでしょうからね。」

2. 昼のチョウと夜のチョウ

小学生のころチョウのいる風景に魅せられてしまって以来、ぼくにとってチョウはいつも大切な存在であった。ひらひらと飛ぶチョウの姿が目に入ると、たとえそれがどれほど小さなチョウであろうとも、そしてそれがほんの一瞬のことであろうとも、それはぼくにある種の喜びと安らぎを与えてくれた。

しかしそれとともに、ぼくはガ（蛾）という存在にも心を魅かれていった。

チョウは美しく、ガは不快であると、一般には思われている。幼いときから「チョウよ花よ」と育てられた女の子は少なからずいるだろうが、「ガよ葉っぱよ」と育てられた子はいるまい。けれどもこんな認識はどこから生まれてきたのだろうか？

動物学的にいえば、チョウもガも、同じ鱗翅目《りんしもく》というグループに属する昆虫である。つまり、はね（翅）を鱗粉で飾ることを、「思いついた」昆虫である。子ども用の本にはたいてい、

「チョウとガのちがい」が記されている。たとえば、「チョウははねを立ててとまりますが、ガははねを開いてとまります」。けれど、その次が人を惑わせる。「しかし、セセリチョウの中には、はねを開いてとまるものがいます」。

要するにチョウとガを区別する分類学的な根拠はないのである。習慣的にこの仲間はチョウといい、この仲間はガというだけのことなのである。カイコのガのことをカイコのチョウといっていた時代をべつにすれば、現代の日本語ではチョウとガははっきり区別されている。けれどそれは、ことばとしての区別であって、実体としての区別ではない、きわめてあいまいな区別である。

英語でもチョウとガははっきり区別されている。チョウは butterfly であり、ガは moth である。ガを指さして "butterfly" といったら、"No, it is a moth" と訂正されるだろう。なぜこのような区別が生まれたのであろうか？

ことばが実体にではなくて概念に与えられるものである以上、この区別は概念の上でのものだということになる。その概念とは何だろうか？

それはやはり、「派手で美しいか」、「地味で目立たないか」のちがいだろう。鱗翅類の中で、派手で美しいのはチョウ、地味で目立たないのはガということになったのだと思われる。

だから、「これはこんなにきれいだけど、じつはガです」とか、「このチョウはガみたいだけど、タテハチョウの仲間のチョウなのです」とかいう、奇妙な「学問的」解説もなされることになる。

　ぼくが子どものころに住んでいた東京渋谷にはまだ「原っぱ」というのがあちこちにあって、その一隅には地味な、黄褐色のキタテハや、黒褐色でこれといった模様もないヒカゲチョウなどがいた。子どもたちはこういうチョウをひとからげにして「ガチョウ（蛾チョウ）」と呼んでいた。今にして考えると、子どもたちがガのようだと思いながら、じつはチョウであることを知っていたのはふしぎである。英語でいえば、さしずめ moth butterfly とでもいうことになろうか。

　ガチョウなどという言いかたは、フランス語ではできない。フランス語には一語でチョウ、ガということばがないからである。よく知られているとおり、フランス語にはパピヨン(papillon) ということばしかなく、これはチョウもガもひっくるめて鱗翅類すべてを指す。そして、とくにチョウといいたいときは papillon diurne つまり昼のパピヨン、ガと強調したいときは papillon du nuit とか papillon de nocturne つまり夜のパピヨンという。

　どちらが派手とかきれいとかいうことはないらしい。昼間ひらひら飛んでいれば昼のパピヨンであり、昼間、草の葉にぴたりととまっていたり、夜に飛びまわっていれば夜のパピヨンなのである。この呼びかえは、じつはなかなか当を得たものであった。日本語や英語でチョウとか butterfly と呼ばれるものはすべて昼のパピヨンであり、ガとか moth と呼ばれるものの大部分は夜のパピヨンであるからである。

昼のパピヨンはなぜチョウになり、夜のパピヨンはなぜガになるのだろうか？　昼のパピヨンであるモンシロチョウやアゲハチョウの生活を追ってみたら、その理由がぼくにはぼくなりによくわかった。

かつて岩波映画製作所で羽田澄子監督が作ってくれた「もんしろちょう——行動の実験的観察」という映画に詳しく示されているとおり、モンシロチョウのオスは目でメスをみつける。オスはメスのいそうな場所を飛びまわり、メスのはねの色をたよりにメスをみつけ、交尾に及んで自分の子孫を残す。

目でメスをみつけるこのような繁殖行動は、モンシロチョウばかりでなく、アゲハチョウでもその他のチョウでも同じことで、昼間飛びまわっている「昼のチョウ」は、すべてメスのはねの色やもようを目じるしにしてメスをみつけ、子孫を残しているのである。

どのような色やもようがメスの目じるしになるかは、チョウの種類によってさまざまにちがう。モンシロチョウではメスのはねの裏面の紫外線と黄色の混ざった色がメスの信号になっている。もようは必要がない。

アゲハチョウでも、クロアゲハとかジャコウアゲハのように、もともとはっきりしたもようのない種類では、目じるしになるのはメスのはねの色調であるらしい。けれど、オスにもメスにもくっきりした黒と黄の縞もようのあるナミアゲハでは、まったくそうではなかった。

メスのはねの黒い部分と黄色い部分を安全カミソリの刃でそれぞれ丹念に切り出し、それをチョウの形をした紙に貼りつけてつくった黒一色のモデルと黄色一色のモデルには、オスは何の関心も示さなかった。とくに黄色部だけを貼りあわせた黄一色のモデルは、日光の下でキラキラ輝き、とてもよく目立つのに、飛んでいるオスは枝先につきだした葉に対すると同じ程度の興味を示すだけであった。

その当時の通説に従って、黄色はメスの信号だが、それ一色だとあまりに目立ちすぎて敵の目にもつきやすいので、黒の縞を入れることで広告と隠蔽の妥協をはかっているのだと、ぼくらは考えていた。だから黒い部分を取除いてしまった黄色一色のモデルは、オスのナミアゲハにとって理想の女性になるはずであった。ところがまったくそうではなかったのである。

いろいろなモデルをつくって実験をつづけていった結果、ナミアゲハにおいてメスの信号となるのは単なる色ではなく、黒と黄の交替する縞もようであることがわかった。メスを探して飛びまわっているナミアゲハのオスは、環境の中にこのような縞もようをみつけると、急速にそれに舞いおり、それにとまって前肢の先でたたく。こうやって彼は、それが生きたメスであるかどうかを、足の先にある「触って嗅ぐ」感覚器でチェックするのである。

鱗翅類の中のあるものは、昼間に活動することを「選んだ」。昼を選んだ以上、異性や食物を探すときの手がかりとなる情報として、光に勝るものはない。彼らは色覚を発達させ、光の情報を存分に利用しようとした。そのためには、メスも色彩的に目立つ存在でなければならない。オスどうしのいさかいにも色彩が大きな意味をもつ。こうして昼のチョウは美しく派手な存在となった。

一方、鱗翅類のあるものは、夜に活動することを選んだ。夜は光がないから、探索の情報として光を利用することはできない。他の多くの夜行性の動物は、いずれも匂いを重要な情報として使っている。夜行性の哺乳類たとえばイヌは、昼行性の動物である人間の何百倍も嗅覚がすぐれている。そして昼行性で夜はものが見えなくなる鳥たちは、視覚は驚くほど鋭いが、嗅覚はまったくといっていいほどダメである。

夜に活動することを選んだ鱗翅類つまり夜のチョウたちも、この原則にのっとって進化してきた。彼らは嗅覚器官を発達させて匂いに敏感になり、異性も食物も匂いで探すようになった。夜咲く花は一般に香りが強いが、それは夜のチョウたちをひきつけるためである。そして夜のチョウのメスたちは、腹の先から特殊な匂い（性フェロモン）を放出して、オスに対する信号とした。

夜のチョウたちは昼はじっと休んでいる。そのとき敵にみつからぬために、彼らはオスもメスもできるだけ目立たぬ色をしている。それはわれわれの目から見ると、チョウとくらべてけっして美しくない。ときにはうす汚れているとさえ感じられる。

しかしふしぎなことに、夜のチョウたちのはねはけっして単色ではない。一見黒揭色や灰色の単色にみえても、裏は派手な白だったり、うしろのはねにまっ赤なもようをもっていたりする。ときには昼のチョウよりも大胆でモダンなパターンをもっていたりもする。

これこそ、動物たちの体の色がもつ「多義性」の端的な例である。つまり、ここでもまた、自己の存在の広告と隠蔽がいりまじる。それは妥協よりもっと積極的なものに思われるのだが、これについては次章で詳しく述べることにしたい。

いずれにせよ、同じ鱗翅類という、起源も系統も同じ昆虫たちの中で、昼間に活動することを選んだものと、夜に活動することを選んだものとができてしまった。前者がチョウであり、後者がガである。

昼間活動して異性を探し、食物を探すチョウたちは、光という情報に大幅に依存している。少なくとも、遠距離から異性や食物の存在に気づくのは、もっぱら光の情報による。そしてこのことがメスを美しくし、オスを派手にした。

しかし「遠距離から」といっても、所詮彼らは小さな昆虫である。何百メートルも先が見える目は持ち得ないし、また彼らの飛翔能力では、そんなに遠くが見えてもあまり意味はない。せいぜい一～二メートル先が限度である。

さてそうすると、どのようなことになるか？　何か必要なものを探す場合、彼らはあちらこちらと飛びまわらねばならない。異性に目立つために、はねは大きくなった。大きなはねは高速で飛ぶには不向きである。そしてちょっとした風によっても影響され、上下左右にあしらわれる。その結果、チョウたちは上下左右に振れながら、「ヒラヒラ」と飛びまわることになった。

上下左右に振れながら飛ぶ（飛ばざるを得ない）ということは、べつの点ではメリットをもっていた。いうまでもないことだが、光という情報は直進する。異性なり花なりの存在が見えたなら、そのままそれに向かって直進すればそのものに到達できる。光情報の便利なところである。

しかし光が直進する道に木の葉が一枚あったらどうなるか？　肝心の異性や花の存在は見えなくなる。これを克服するためには、少し上か下から見たり、左右に角度を変えて見たりせねばならない。「ヒラヒラ」飛んでいれば、それは自然にできる。

こうして、日の光のあるかぎり、ヒラヒラと舞いながら飛びまわるチョウという存在は、われわれにとって好ましいものとなった。

では、夜を選んだガのほうはどうだろうか？　満月の夜を除けば、夜は星明かりの他にほとんど光はない。このような条件でチョウと同じ生き方をするのはコストがかかるばかりである。そこでガは匂いに頼ることになった。

光とちがって匂いの情報は直進などしない。風に乗って不規則に広がっていくばかりである。その匂いの発信源がどこにあるかも、しかとはわからない。匂いが教えてくれるのは、このあたりにメスがいるぞ、とか、このあたりに花があるぞ、ということだけである。

かつてぼくが「フェロモンの神話」と呼んだ伝承がある。これは今でもまだ生きていて、この伝承を信じている人も多い。それは、夜、ガのオスは同類のメスが放つ性フェロモンのかすかな匂いに導かれて、何キロメートルもの彼方にいるメスに到達する、という言い伝えである。おそらく次章でも説明するとおり、これはまったくウソである。オスのガたちは、夜の空をランダムに飛びまわって、かなり濃度の高い性フェロモンの雲に偶然にいきあたる、するとオスは、今度は夜のほのかな星明かりの光をたよりに、草木の葉にとまっているメスの姿を目で探すのである。

こういう諸々の事情から、チョウとガが生まれた。鱗翅類をすべてパピヨンといい、昼のパピヨン、夜のパピヨンと呼びわけるフランス語は意外といい線をいっている。フランス人たちは、どこまでものをわかっていたのだろうか?

3. チョウたちの「情報」

　ぼくが昼のチョウや夜のチョウの行動を研究しはじめたころはコミュニケーションとか情報伝達とかいうことばがさかんに疑われていた。ぼくは「動物のコミュニケーション」について、あちこちで話を頼まれたり、小文を書いたりした。ぼく自身もそれにあまり違和感はなかった。けれど、そのうちにじわじわと疑問が湧いてきた。

　モンシロチョウにせよアゲハチョウにせよ、オスはメスのはねの色やもようをメスの信号として認識し、それに飛びつく。それはきわめてシンボリックな現象であり、昔、よく言われた「人間、この象徴《シンボル》をあやつるもの」などという表現が、ずいぶん思い上がったものに感じられた。

　けれど、チョウのメスたちは、メスの象徴としての色・もようをもっていることはたしかだが、それを「あやつって」はいない。あやつっているのは進化の過程であってチョウ自身ではない。だとすれば、「人間、象徴をあやつるもの」というカッシーラーの表現は的はずれではないとも考えられた。

しかし、メスたちはこのシンボリックな信号を、オスに伝達すべき「情報」として発信しているのだろうか？　そしてオスたちがその情報を受信することによって、そこにコミュニケーションが成立しているのだろうか？

動物におけるコミュニケーションとは、情報伝達ではなくてマニピュレーション（操作）なのではないか、という議論もおこってきて、話はかんたんではなくなってきた。ぼくは安易に「動物のコミュニケーション」という表現を使うのをやめてしまった。

「動物のことば」についても同じであった。かつてぼくは、オランダ生まれでイギリスの動物行動学者ニコ・ティンバーゲン（オランダ語読みではティンベルヘン）の名著 *Social Behaviour in Animals* を訳したとき、わかりやすくて少しでも人が買ってくれそうな題名を、という願いから、邦訳版のタイトルを『動物のことば』（みすず書房）とした。ぼくが願ったとおり、この訳書は今でも多くの人に読まれており、興味ぶかく重要な内容をもっているのだが、「ことば」ということばについては問題を感じていた。そもそも、動物の「ことば」とは、「言語」ではないし、『ソロモンの指環』（ハヤカワ文庫）でローレンツもいっているとおり、「真の意味での言語というものを動物たちはもっていない」。そしてこれは「ことば」と「言語」の違いとかパロールとラングの違いとかいう問題ではない。

このような感覚が広まったためであろう、動物のコミュニケーションとか動物のことばとかいう表現は次第に使われなくなっていったのだが、それとはうらはらに世は情報の時代、情報化の時代に移っていった。そして、すべてのものは情報になってしまい、「環境情報」などということばも猛烈な勢いで流行しはじめた。そこでまた疑問が湧いてくるわけである。

メスのモンシロチョウのはねは、メスのシンボルとしての特殊な色をしている。それはある一定の照度と天候のもとでの太陽光に照らされたとき、チョウの意図とは関係なく、否応なしに反射されてしまう光の総体である。

この光ないしこの色は、メスを探しているオスのモンシロチョウにとっては、情報としての意味をもっている。それを認知したオスは、急いでこのものに近寄り、飛びついて交尾しようとする。

けれど、たまたま近くを通りかかったオスのアゲハチョウにとっては、この色はまったく何の意味ももたないし、おそらくは関心もひかない。もしひくとしたら、それはそのメスのはねが動いているときであって、アゲハチョウのオスの関心をひいたのは色ではなくてその動きである。そしてこのメスは飛んでいたからはねを動かしていたのであって、アゲハチョウの関心をひくためにはねを動かしていたのではない。たまたま関心をひいて「しまった」のにすぎない。

自分の「意図」と関係なく相手の関心をひいてしまったということは、その動きが情報になってしまったということである。それを避けるために、夜のチョウたちは昼の間はぴたりとも動かない。そして、いわゆる保護色をしたはねの色・もようによって、環境の中に「埋没」してしまおうとする。前章ではこれを自己の存在の「隠蔽」と呼んだが、要するに情報を発信しないことである。

けれど夜のチョウつまりガの中には、おそろしく大胆なもようのはねをもつものも多い。試みにガの図鑑をめくってみるとよい。図鑑で見るかぎり、ガというのがいかに派手なもようをもっているかがわかる。

それはたまたま光にひかれて家の中に飛びこんできたガが白い壁にとまっているのを見てもわかる。くっきりしたストライプが大きく斜めに入っているとかして、じつに斬新なパターンで、思わず目をひきつけるものだ。これは情報の発信ではないのか？

もう何十年も前、イギリスの動物学者ヒュー・コットは、この問題に明快な答えを与えた、つまり、動物の体のこのように大胆なもようは、自己の存在の広告ではなくて隠蔽なのだというのである。一瞬にして目につく派手なもようは、相手の関心をそれに集中させ、その動物自体の体の存在をはぐらかしてしまう。その結果、動物の存在が消され、環境の中に隠蔽されることになるのである。

つまり、動物たちのこういうもようはたしか情報の発信であるかもしれないが、それは動物自体にとってみれば、自己の存在を消すためのものであって、一般にいわれている情報とは逆の意味をもっているのだ。

しかし、このような「広告的隠蔽」の効果は、相手が目でこのもようを認知しうるときにしか生まれない。どの動物にも敵がいる。そのような敵は、その動物をみつけだして、食べるか、寄生するかしようと必死になっている。みつけかたはさまざまである。あるものはたとえば鳥のようにすぐれた目をもっていて、それで自分の目指すえものの存在を知る。このような敵に対して、広告的隠蔽は大きな効果をもたらす。大胆なもようが注意はひくが、それは要するに無意味な情報として機能して、肝心のえものの存在を消してしまうからである。

けれど敵の中には、目でなく嗅覚によってえものをみつけだすものも多い。そのような敵に対しては、視覚的なもようが、広告的隠蔽効果をもたないのはいうまでもない。つまり、情報とは、発するものによってではなく、受けとる側によって情報であるかどうかがきまるものなのである。

モンシロチョウはキャベツに卵を産む。それは卵を産もうとしているモンシロチョウがキャベツの匂いを認知するからである。ではキャベツは匂いの情報を発しているのか？

モンシロチョウにかぎらず、たいていの昼のチョウも夜のチョウも、それぞれ特定の植物に卵を産み、幼虫がその植物を食べて育つ。チョウはその植物の匂いにきわめて敏感で、その匂いのする植物にひきつけられ、それにとまって卵を産みつける。卵から孵った幼虫もその匂いに敏感で、その匂いのする植物だけを食べる。人間がただの紙切れにその匂いをつけてやれば、幼虫は何の栄養価もないその紙を食べて、まもなく餓死する。

ではその植物はこの匂いという情報を発していたのだろうか？

植物の発する匂いについての一般的な見解によれば、植物の強い匂いはある種の揮発性物質によるものである。揮発性物質は植物の表面から分泌されて揮発し、そのときに熱を奪う。その結果、日に照らされて熱くなった葉や茎は冷やされ、植物は過熱するのを避けることができる。

つまり植物は自分の体を過熱から守るためにその匂い物質を発散させていただけであって、それでモンシロチョウを呼び寄せ、卵を産んでもらうつもりではまったくなかった。植物は情報を発信していたのではないのである。それをチョウが情報にしてしまっただけである。このように、「意図とは無関係に」敵を呼ぶ情報となってしまう匂いを、フェロモンに対してカイロモンという。

このように考えてみると、メスのチョウが特定の情報を発信しているとか、植物が匂い情報を発しているとかいうことはないことになる。そして、チョウのメスとオスの間で、あるいは植物とチョウの間で、コミュニケーションがおこなわれているということもないことになる。

ところで、夜のチョウ、つまりガでは、光は昼のチョウにおけるのとはまたべつの価値をもっている。

昼のチョウにおいては、光は彼らにとって意味のある情報を伝える重要なものであった。彼らは光が伝えてくるさまざまな信号のあるものを情報として使い、その他のものは無視している。

このことはじつは夜のチョウにおいても変わりはない。前章に述べたとおり、メスの発する性フェロモンを情報として使ってメスの近傍にやってきたオスは、数センチから一〇センチメートル程度の至近距離で、メスの姿を目によって探す。このときオスは、夜のうす暗がりの中のごく弱い光が伝えてくる、メスの視覚的信号を情報として使うのである。

前にも述べたとおり、ガのメスは一日の一定時間の一定状況になると、積極的に性フェロモンを放出する。これは信号の積極的発信である。しかし、メスを求めているオスが最終的に認知するメスの姿は、メスが積極的に「発信」したものではない。メスはもともとそういう姿をしていただけなのだ。

ただし、多くのガでは、性フェロモン放出中のメスは、はねを立てるとか尾端を高くもちあげるとか、特殊な姿勢をとることが多い。コーリング姿勢あるいは求愛姿勢とよばれるこのような姿勢は、明らかに積極的に「発信」されているものである。じっさい、アメリカシロヒトリで実験的に調べてみた結果、迫ってきたオスのメスへの跳びつきは、この姿勢によってひきおこされる。だがその際、その姿勢をとっているものの「色」が問題であって、それは本来のメスのはねの色であるときにもっとも強い効果を生じる。そして昼のチョウにおけるのと同じくこの色はメスがもともともっているもので、わざわざ「発信」されたものではない。そしてオスのガが重要な情報として使うメスのガの姿や色は、光があればこそ認知できるわけであるが、光そのものが情報なのではない。

ところが夜のチョウたちは、電灯の明かりのような光に集まってくる。あたかも彼らは、光を情報として使い、その情報源にひきつけられてくるようにみえる。

しかしそこにはメスがいるわけでもなく、食物があるわけでもない。たとえ電灯の光に同じようにひかれてきたメスがそこにいても、メスは強い光に目がくらんでいて、性フェロモンを放出するという積極的情報発信はできないであろうし、性フェロモンという匂いの情報のないときにはメスの姿や色はオスにとっては情報にはならない。オスとメスは並んでいるかもしれないが、そしてメスのはねや体は情報となりうる色や姿をしているのであるが、オスにとってはそれは存在しないにひとしい。

このように、自然の夜のうす暗がりの中の微弱な光でなく、人工の電灯のような強力な光は、夜のガにとってはおよそ迷惑な作用しかもたない。つまり彼らは、人工光にひきよせられ、その後の行動がほとんどむちゃくちゃになってしまうのである。

なぜこんなことがおこるのか？　ぼくの想像はこうである——夜のチョウたちの光に対する

感受性は、おそらくは夜の空の星明かりを認知するためのものだったのだろう。暗い林の地上や茂った草のかげに身をかくして昼をすごした彼らは、夜、空の星明かりを目印に舞いあがり、林や茂みの外へ出て行動を始めるのではなかろうか？

このとき、夜空のうす明かりは、彼らにとっては重要な情報だったのだろう。空は情報を発するいわれはないから、ガたちがそれを情報として使ったまでのことである。

人間が強烈な人工光を作ったとき、ガたちはこれを強烈な情報と受けとってしまった。そこから大きな混乱が始まったのである。

生きものたちの世界は本来的に情報とコミュニケーションのシステムとしてできあがっているのではなく、何を情報に使って生きるかという闘いの場であるような気がする。これは人間の世界でも同じことである。主体を抜きにした「環境情報」などというものはあり得ないのだと思う。

水生昆虫

水生昆虫との出会い

ぼくが生まれ育った東京の渋谷には川はなかった。大きな池もなく、あるのはせいぜい家の庭の金魚池ぐらいだった。そこにいるのはトンボのヤゴとボウフラ、イトミミズ程度だったので、小学生のころぼくは、水生昆虫というものは本でしか知らなかった。

中学は成城学園の中学部に入った。学校は東京の世田谷区、小田急線の成城学園前にあった。当時はまだ自然のままで、川あり、田んぼあり、小川あり、そして学校の中には大きな浅い池もあった。

水生昆虫用の水網を買ってもらい、つかまえた虫を入れるガラスビンをいくつか持って採集にいくと、次から次へと水生昆虫がとれた。

とくにすてきだったのは学校の池だった。浅いから安心して入っていける。池の中にはいろいろな場所があるので、そのあちこちをまわっては水網を入れる。するとじつにさまざまな水生昆虫がとれてくるのだった。

水草の間でとれたのは、細長い形をしたミズカマキリ。本もののカマキリのように勇ましくはないが、前足にはちゃんと鎌がついている。しっぽに長い呼吸管のあるのが印象に残った。少しべつの所を勢いよくすくったら、立派なゲンゴロウがとれた。これが図鑑で見ていたゲンゴロウか！　すごいなと大感激。

すぐにまた同じように黒くて大きい虫がとれた。ゲンゴロウとは全然感じがちがう。それはガムシだった。ゲンゴロウは他の虫をつかまえて食べるのに、ガムシは水草を食べるおとなしい虫だと本には書いてあった。だから見た感じもこんなにちがうのだなと思った。

こうしてぼくは成城で、それまで本でしか見たことのなかった水生昆虫の、それも生きた姿をたくさん知ることになった。

陸上動物だから水生になれた

水生昆虫とはその名のとおり水の中で生きている昆虫だ。

前回にも述べたように、地球上にはじつにたくさんの、そしてじつにさまざまな水生昆虫がいる。

けれど、きわめて逆説的なことに、こういう水生昆虫がたくさんいるのは、じつは「昆虫」という動物が、完全に陸上動物だったからなのである。

だれでも知っているように、生物というものは海で生じたものらしい。そして海の中で進化して、いろいろな動植物ができてきたらしい。

そのうちに、その中のあるものたちが、陸上に進出しようとした。

それは大変なことだった。

海の中から陸上に出れば、体は乾燥してしまう。つまり陸上には乾いた空気しかないのだから、体の中の水分がどんどん蒸発していって、体は干からびてしまう。陸に上がった魚やクジラがすぐ死んでしまうのはそのためである。

何とかして体の乾燥を防がねばならない。それには皮膚にいろいろとしかけをして、体の中の水分が外に出ないようにするほかはなかった。

昆虫の祖先たちはその工夫をした。体の皮膚をふつうのやわらかい皮ではなく、固いタンパク質の殻のようにして、水が通らないようにした。おまけにその上に油のようなものを分泌して、ますます水が通りにくくした。

こうして昆虫の祖先たちは陸上に進出し、水でなく乾いた空気の中でも干からびてしまうことなく生きていけるようになった。

そうなると、また変なことを「考える」昆虫が出てくる。「もう一度水の中に戻れないだろうか？」

体の中から水が出ていかないということは、水の中にいても体に水が入ってこないということだ。それなら水の中でも住めるのではないか！

水の中に住んでいる魚たちは、たえず大量の尿をしていないと、たちまち体が水ぶくれになってしまう。皮膚から水が入ってこない昆虫には、そんな心配はなかった。

シュノーケル

水生昆虫は、昆虫が陸上動物だったからこそ水の中で元気よく生きているのだけれど、やっぱり困ることがあった。

それは「呼吸」の問題である。

陸上動物である昆虫は、われわれ人間と同じように、空気を呼吸して生きている。もともと水生動物である魚のように、えらで水から酸素をとることはできないのだ。

人間は水に潜るとき、シュノーケルをくわえて外の空気を吸ったり、アクアラングなどという器械をつける。そして肺に入ってくる空気の中の酸素を呼吸するのである。

昆虫でも悩みは同じだった。水の中に居ながら、空気をとりこまねばならない。そのいちばん簡単な方法は、やっぱりシュノーケルだった。

ミズカマキリとかタイコウチなどという「典型的」な水生昆虫は、しっぽの先に長い呼吸管をもっている。これが彼らのシュノーケルである。

使いかたは人間のシュノーケルとまったく同じ。管の先を水面の上へ突き出して空気を吸う。呼吸管の根元には大きな気門があり、そこから気管が体じゅうに伸びている。空気はこの気管を通って全身に「直送」されるのである。

管の先から水のしぶきが飛びこんできたりすると困るので、こういう見るからにシュノーケルに似た呼吸管を使うのは、たいていは池とか沼とかいう止水域に棲む水生昆虫である。

ヒメタイコウチとかタガメなども、呼吸管はもっと短いが、ときどき水面へ上がってきて空気を吸い、また水中へ潜っていく。

カ（蚊）の仲間の幼虫であるボウフラも、腹の先の呼吸管を水面に出して空気を吸う。ボウフラの体は尻の先で水面にぶら下がっていられるようにできているので、いつも水面にぶら下がって、しっぽの先から空中の空気を吸いながら、下を向いた口で餌になる微生物や有機物のごみを集めては食べている。そして何かに驚くと、一瞬にして水中へ潜る。

空気を貯める

シュノーケルはたしかに便利だろうが、めんどうくさいと言えばめんどうくさい。せっかく水の底でえさをみつけたのに、体が空気切れになっていたら、わざわざ水面まで上がっていって、空気を補給せねばならない。

体のどこかに空気を貯めておけないものだろうか。そんなことを考えた水生昆虫もたくさんいる。

たとえばゲンゴロウがそうである。

ゲンゴロウは甲虫だから、カブトムシなどと同じように背中には固い羽が生えている。この羽と腹の間に空気を貯めてみてはどうだろう。

これはなかなかうまくいった。ゲンゴロウは羽の下に空気をたっぷり貯め、腹にある気門からその空気を吸って、長い時間、水の中を泳ぎまわっていられるようになった。

ゲンゴロウには大小いろいろな種類のものがいるが、どれもみなこの方式をとっている。尻に大げさなシュノーケルをつけたミズカマキリなどとはちがって、ゲンゴロウは水中を自由自在に泳ぎながら小魚などを捕らえて食う肉食昆虫として君臨した。

ゲンゴロウに似ているが、水草の葉を食べるおとなしい甲虫であるガムシも、体に空気を貯めることを考えた。

けれどガムシはどういうわけか、羽の下にではなく、体の腹面全体に空気の層をつけることにした。

この空気の層はプラストロンと呼ばれ、水の中では白く目立って見える。そしてガムシは、たまたま水面に浮かんでいるときに、頭に生えた触角をうまく使って、空気を腹面のプラストロンに送りこみ、たえず空気を補給している。

ドロムシという小さな甲虫も、腹面にプラストロンをつけている。この虫は水中の藻類が光合成をするときに生じる酸素の泡をプラストロンにとりこむという、なかなか高級なことをやっているのだそうである。そして、このプラストロンに貯めた空気を呼吸しているので、やはり、シュノーケルなどは必要としていない。

物理えら

はねの下に空気を貯めているゲンゴロウは、水の中で腹の先にいつも空気の泡をつけている。ゲンゴロウがこの泡の中の空気を呼吸しているのだと思った人もいるらしいが、いくら小さな昆虫にしても、こんな小さな泡一つの空気で足りるはずはない。

水生昆虫の呼吸のしかたの研究が進んでくるにつれて、ゲンゴロウの腹の先の小さな泡は、じつに大きな働きをしているのだということがわかってきた。あの空気の泡は、じつは大変すばらしい「えら」なのである。

はねの下に貯められた空気を、ゲンゴロウは腹の気門から吸い、体内に網のように張りめぐらされている気管系を通して、腸や神経や筋肉へ酸素を送る。そして体内で生じた二酸化炭素はその逆のルートを経て、はねの下の空気の中に捨てられる。だから、はねの下の空気は時間とともに酸素が減っていき、二酸化炭素がふえていくことになる。

この空気の末端がゲンゴロウの腹の先についている泡である。そこで、この泡の壁を介して、はねの下の空気の中へは、まわりの水中の酸棄がどんどん入ってくる。そしてこの空気の中の二酸化炭素は、水の中へどんどん逃げていくことになる。貯まった空気の量も腹の先の泡の大きさもまったく変わらないが、その内容は絶えず変わっているのである。

こうしてゲンゴロウは、腹の先の泡を介して次から次へと水中の酸素を取りこみ、二酸化炭素を水の中へ捨てることができる。つまり、泡がえらとして働いているのである。

えらでおこっているのは空気と水の界面でおこるまったく物理的な現象なので、このえらは「物理えら」と呼ばれている。魚のえらなどよりはるかに効率のよいえらである。

これとまったく同じ物理えら現象は、ガムシやドロムシの腹面のプラストロンにある空気の層の表面でもおこっている。水生昆虫はすごく便利なえらをもっているのだ。

半水生昆虫

ひとくちに水生昆虫といっても、じつはいろいろなのがいる。

今までに述べてきたなかで、ミズカマキリとかゲンゴロウとかいうのは、親も幼虫も水の中で生きる、「完全な」水生昆虫である。

カは幼虫つまりボウフラの時代には水の中にいるが、親のカになると空中に飛びだしてしまう。つまり幼虫時代は水生昆虫だが、親は空中で生きるふつうの昆虫なのである。

このように幼虫は水生だが親はちがうというものはけっこう多い。

まずだれでも知っているトンボがそうだ。アカトンボ、オニヤンマ、カワトンボ、イトトンボ、ムカシトンボなど、トンボの仲間はすべて、ヤゴと呼ばれる幼虫時代だけが水生昆虫で、育ちきると草などに登り、空中で脱皮して親のトンボになる。

カゲロウもそうであるし、カワゲラ、トビケラなどという、水辺の近くにはたくさんいるが、町の中などではほとんど見ることがない昆虫もそうである。

このような、いわば「半水生昆虫」のうち、カゲロウ類、カワゲラ類、トンボ類は、何億年も昔からいる「古代型」の昆虫で、幼虫からサナギという時期を経ないで、いきなり親（成虫）になる、つまりいわゆる不完全変態をする。

だから昔の昆虫は幼虫時代はみな水生で、親になると空中へ出ていくようになっていたのだと思われるかもしれないが、けっしてそうではない。

古代型昆虫にもゴキブリやバッタのように幼虫時代から陸生のものも多いし、カなどはもっとも新しい型の昆虫なのに、幼虫時代は水生である。

ミズカマキリやタガメは古代型と新型の中間といえる仲間（半翅類）だが、この連中は一生涯水生昆虫であるし、ひじょうに新しい型の昆虫であるゲンゴロウなどの甲虫類にも、一生を水中ですごす「完全な」水生昆虫がたくさんいる。

だから、昆虫は昔は水生であったのだが、それが進化して陸上、空中へ進出したのだというわけではないのである。

ほんとうのえら?

「昔はみな水生だった昆虫が、その後進化して陸上へ空中へと進出した、というわけではない」、前号にぼくはこんなことを書いた。

でも、なぜそんなことが分かるのだろうか?

じつは、子どものときは水中で生活し、親になったら空中へ出ていってしまう「半水生昆虫」のうち、トンボ、カゲロウ、カワゲラなどという「古代型」のものの幼虫のえらを見ると、そのことがよく分かるのである。

こういう虫たちの幼虫は一日じゅうずっと水の中にいる。ボウフラのように、ときどき水面に上がってきて空気を吸ったりすることはない。

ミズカマキリやタイコウチのように、長いシュノーケルを持っているわけでもない。かといって、ゲンゴロウのようにお尻に空気の泡をつけているわけでもない。

彼らは「ほんとうのえら」を持っているのである。つまり、魚たちと同じように、水から酸素をとりこんで呼吸しているのだ。

カゲロウの幼虫には、腹部の両側に毛のようなえらがたくさん生えている。カワゲラの幼虫には腹の末端にまとまって、毛のようなえらがある。

トンボの幼虫であるヤゴには、一見したところえらのようなものはない。けれど体の中、人間でいえば直腸にあたる腸の末端、肛門の手前のところに、直腸えらとよばれる立派なえらがあるのである。

これらのえらは、みな水中から酸素を吸いとることができる。つまり魚のえらと同じことで、水の中にいてこそ息ができるのだ。

だからこれらの幼虫は、空気を吸いに水面に上がってきたりはしないし、体に空気をためたりする必要もない。トンボのヤゴは、尻から水を吸ったり吐いたりするが、そのとき直腸にあるえらで、ちゃんと水の中の酸素を吸いこんで呼吸しているのだ。

ほんとうのえらは気管えら

いろいろな水生昆虫の幼虫には、魚のえらと同じように水から直接に酸素をとる〝ほんとうの〟えらがある。前にぼくはそのように書いた。

読者の方々の中には、それを読んで「あれ、おかしいな?」と思った人もいるのではないだろうか。

ぼくたちは「昆虫は気管で呼吸する」と教わった。体の中には血管系ではなくて気管系があり、それが気門という小さな穴で体の外に通じている。

この穴から体の中へ入ってきた空気は、気管によって体じゅうに運ばれ、体内のいろいろな臓器がその空気の中の酸素を呼吸するのだ。そのようにぼくたちは教わったはずだ。

だから多くの水生昆虫は、ときどき水面に上がってきて、腹の先の気門から空気を吸ったり、シュノーケルのような長い管を水の上に突き出して空気をとりこんだりして酸素を呼吸する。空気をはねの下にためたり、〝物理えら〟という巧みなしかけで空気を呼吸する虫もたくさんいる。

けれど、今ここで話題になっているのは、空気からでなく、水からじかに酸素をとれる〝ほんとうの〟えらを持った虫もいるということだ。

もし、ほんとうにそんな虫がいたら、「昆虫は空気呼吸をする動物である」という大原則からはずれてしまうのではないか?

水から呼吸できる〝ほんとうの〟えらを持った虫は、〝ほんとうの〟昆虫ではないということになってしまうのではないか?

幸いにしてというべきか、あるいは残念ながらというべきか、じつはそうではないのである。

水生昆虫が持っている〝ほんとうの〟えらは、〝気管えら〟と呼ばれる特殊な構造で、中にちゃんと気管が通っている。ふさのように生えた細い糸のようなえらは、気管が細長く伸びだしたもので、表面のうすい膜を通して、水中の酸素が気管の中にしみこんでくるのである。

「気管えら」の正体

トンボとかカゲロウのような昆虫が、魚と同じように水中の酸素を呼吸できるえらをもっていることは、考えてみればふしぎである。

これらの昆虫は昆虫類の中でもいちばん古い時代からいるいわゆる古代型の昆虫だからである。

そもそも昆虫類は、空気を呼吸するように進化した陸上型の動物のはずである。けれど、その昆虫の中でもいちばん古いものの幼虫が水中に住み、水中の酸素を呼吸するえらをもっているのはなぜなのか？

その答えは前回に述べたとおり、この、えらがじつは気管えらという特別のえらだということにある。

気管えらはたしかに水中の酸素を呼吸するけれど、その酸素を幼虫の体内に張りめぐらされた気管の中の空気に渡してしまうのだ。そしてその空気の中の酸素が幼虫体内の筋肉、腸などに渡されていくのである。

つまり気管えらは、われわれ人間の呼吸器官である肺と反対のことをやっているのだ。人間は空気を呼吸している。肺はその空気の中の酸素を、肺にある血管の中の液体つまり血液に渡す。そしてその酸素が、血液という水（液体）に乗って、筋肉とか内臓に届けられるのである。

水生昆虫の気管えらは、水中の酸素を気管の中の空気に渡す。人間の肺は空気中の酸素を血管内の水に渡す。ひと口でいえばこういうことだ。

古代型の昆虫であるトンボやカゲロウの幼虫がちゃんと気管系をもっていることからもわかるように、気管系は昆虫が発明したものではない。

空気中の酸素を内臓に直送する気管というものを発明して、完全な陸上動物になったのは、おそらくムカデのような動物であったろうと考えられている。

その子孫である昆虫は、もともと陸上動物であった。そしてその昆虫類の中に、また水中に住み、気管えらというややこしいものを発明した水生昆虫が現れたのであった。

二重保証

昔、ある先生の書いたカ（蚊）の本に、ボウフラが水の中で浮き沈みするときの「二重保証」のことが書いてあった。

水の中で呼吸できる気管えらなどもっていないボウフラは、しばしば水面に浮かんできて、空気を吸わなければならない。だが、そのときに敵がきたら、急いで水底に沈まなければならない。

この動きがす速く的確にできるよう、ボウフラは二重に保証された運動のしくみをもっているというのである。

まず、急いで水底に潜るとき。

このときボウフラは、水面の上から射している光から逃げるように動く（負の走光性）と同時に、水の底、つまり大げさにいえば地球の中心に向かっても動く（正の走地性）。

このように、負の走光性と正の走地性が同時におこる二重保証になっているので、ボウフラは一瞬にしてさっと水底へ潜れるのである。

そこで実験だ。

ボウフラを入れた水槽の下に電灯を置き、水槽の下から上向きに光で照らしておく。そして部屋をまっ暗にする。これで実験の準備完了。

そこで水槽のふちを木の棒でとんと叩く。ボウフラは急いで水底へ潜ろうとする。

ところが光が下から射しているから、その光から逃げるには上向きに動く他はない。けれど地球の中心は下にある。ボウフラは正の走地性で下のほうへ動こうとする。さあ、どうにもならない。ボウフラはあわてふためくばかりである。

水底から水面に上がってくるときはこの逆だ。ボウフラには正の走光性と負の走地性がおこる。だからボウフラは、光のくる下へ向かって動こうとする一方、地球の中心から離れようとして上のほうへ動こうとする。これまたどうにもならない。ボウフラはただあせって、もがくばかりである。

ボウフラを救うには部屋の電灯をつけ、下の電灯を消してやればよい。

二重保証とは配慮十分なようでやっかいなものだ。

なぜまた〝水生〟になったのか？

ところで、水生昆虫はなぜ水生昆虫になったのだろう？

せっかく祖先の節足動物が陸上に上り、空気を呼吸するための気管も発明して、ムカデのような陸上動物になったのに、なぜまた水の中で生活するようになったのだろう？

水の中にいるほうが何かとくなことでもあったのだろうか？

まず考えられるのは、水の中には鳥がいないことである。

昆虫にとって一番恐ろしい敵は鳥である。水の中には鳥はいないから、安全だと思ったのだろうか？

たしかに、今の水生昆虫にとってはそうかもしれない。けれど、昆虫は地球上に鳥が現れるよりもっと昔からいた。そしてそのころ、水の中にはもう魚がいた。魚だって昆虫を捕らえて食べるから、水の中のほうが安全だったわけではない。

では餌のほうは？

昆虫がでてきた大昔にも、もう昆虫の祖先となったムカデのような陸上動物はいたのだから、陸上にも餌となる生物はいたはずだ。

けれど、水の中にはイトミミズのような虫や微生物がたくさんいるから、餌はきっと多かったにちがいない。カゲロウ、カワゲラ、トンボなどという古代型の昆虫の幼虫が水中で生活するようになったのはそのためだろう。

しかしその後一億年も経つと、陸上のほうが食べ物も多くなって、いろいろな、陸上昆虫が現れてきた。けれどそうなると、陸上には鳥のような敵も現れた。

だが、水の中に住む鳥はいない。大敵のツバメやスズメも水の中には入ってこない。魚はいるけれど、トカゲはいない。ヘビもいない。昆虫、とくに幼虫たちにとって、水の中はやっぱり少しは安全なのかもしれない。それでシュノーケルをつけたり、空気の泡で物理えらを発明したりして、水中に住めるようになったいろいろな水生昆虫ができてきたのだろう。

もともと陸上動物である昆虫の中に、たくさん水生昆虫がいるのは、おそらくきっとそのためだ。

Ⅲ

昆虫学ってなに？

1

六本の足

〝昆虫〟といわれたら、すぐイメージが湧く。〝体が頭と胸と腹の三つの部分に分かれていて、頭には二本の触角、胸には四枚の翅と六本の足がある〟。

そのとおりだ。こういう特徴をもつ節足《せっそく》動物を昆虫というのである。

節足動物とは足に節のある動物と書く。その呼び名のとおり、関節*のある足をもった無脊椎《むせきつい》動物の一群（仲間）である。われわれ人間の足にも関節はあるが、われわれは背骨をもった脊椎動物だから、節足動物には含まれない。

では、節足動物以外の無脊椎動物には、足に関節がないのだろうか？

たとえばクラゲやイソギンチャク。腔腸《こうちょう》動物と総称されるこの仲間には、そもそも足なんていうものがない。

カイチュウをはじめとする線虫《せんちゅう》の仲間はどうか？　細長い円筒形の体をピンピンと振って

移動するこの仲間にも、足というような突起物はない。

それならミミズは？　だれでも知っているとおり、ミミズには手も足もない。けれどミミズと同じ仲間ながら海に住んでいるゴカイやイソメという虫もいる。ゴカイは釣りの餌にされるから、フィッシングをする人はよく知っているはずだ。このゴカイやイソメ、あるいはそれに類した動物は、総まとめにして環形《かんけい》動物と呼ばれている。そしてこの環形動物の体はミミズのようにたくさんの環節*からできていて、その環節ごとに〝いぼ足〟という足が生えているのである。

いぼ足（疣足）はその名のとおり、体からいぼのようにふくれ出した突出物である。ある環形動物ではほんの小さな突起にすぎないが、べつの種の環形動物ではかなり長くて、丈夫な毛も何本か生えている。これを補助的に使って海の中を歩いたり泳いだりするものもある。いぼ足はまさに、進化の途上で動物が初めて〝獲得〟した〝足〟であった。

けれど残念ながら、いぼ足には関節はない。それはただの突出物にすぎなかった。

動物系統学では環形動物から進化したと考えられている動物群がいくつかある。なぜそう考えられるかはここでは述べないが、とにかくその一つは軟体動物、つまり貝やイカ、タコの仲間であった。二枚貝や巻貝、そしてイカやタコにも肉質の立派な足がある。この足を使って軟体動物は、砂に潜ったり、這ったり、泳いだりする。イカやタコはこの足で獲物を捕らえ、交尾までこの足を使ってする。実に多才で立派な足である。

けれど軟体動物のこの足にも関節というものはない。

環形動物から進化したと考えられているもののもう一つは節足動物である。エビ・カニのような甲殻類、ムカデ・ヤスデのようないわゆる多足類、クモ・ダニ・サソリのような蜘蛛形《くもがた》類、そして昆虫類を含めて節足動物と総称されるこれらの動物は、みなしっかりした足をもっている。その足はこれらの動物たちを歩かせ、走らせ、跳躍させる。獲物を捕らえたり、メスを撫でたりする、彼らの生活のすべては足によっている。じつにさまざまな働きをみごとに遂行できるすばらしい足である。それは節足動物のこの足が関節をもっているからである。

二十いくつかの仲間（門《もん》）に分けられる無脊椎動物のすべてを見渡しても、関節のある足をもった動物群は他にはない。そこで昔の学者はこの動物群を節足動物（アルトロポダ Arthropoda）と名づけたのである。アルトロとは関節、ポダは足という意味のギリシア語である。昆虫の基本的な特徴はこの〝関節のある足をもつ〟ということであるが、それは節足動物すべてに共通したものなのだ。

昆虫の昆虫たる特徴は、その関節のある足を〝六本〟もっていることにある。同じ節足動物の仲間でありながら、甲殻類は八本の足をもつ。蜘蛛形類もやはり八本。多足類になると、その名のとおり何十本という足をもっている。だから〝六本の足〟というのが昆虫類の特徴になるわけだ。

ではなぜ六本なのか？　それは昆虫が胸部の足だけを残して、あとの足は捨ててしまったからである。

〝捨ててしまった〟といっても、ほんとに捨ててしまったのではない。節足動物のいちばん古い形は、いわゆる多足類、とくにムカデのような唇脚類《しんきゃく》であると考えられている。つまり、体が多数の環節から成り、各環節に一対ずついぼ足が生えている環形動物から変化して、ただの出っぱりであるいぼ足が関節をもった足になったのが節足動物であると考えると、これに相当するのがムカデのような唇脚類だということである（これは話の筋としてはわかりやすいけれど、ほんとうはどのようなことが起こったのかは、よく研究してみなくてはわからない）。

体の多数の環節に一対（二本）ずつ足の生えている唇脚類は、ある意味ではたしかに便利である。そもそも何本かの足が何かにつまずいたり、足場を踏みはずしたりしても、ひっくり返ったり転んだりすることはない。けれど足がたくさんありすぎるので、跳躍したり、地面を蹴って飛び立つとかいうことはできない。

昆虫は何を考えたのか、胸にある六本の足だけを残して、他の環節の足は何か他のものに変えるか、なくしてしまうかした。そこで、うっかりすると転んだり、ひっくり返ったりするおそれはあっても、跳躍その他の自由な運動が可能になった。それが今の昆虫の多様な生きかたを生むことになったのである。

＊　関節は動かせる連結部分、環節は環状の体節のこと。

2 四枚のはね

前回で述べたとおり、昆虫は六本の足をもつ節足動物だ。けれど、何十本という足をもつムカデ（唇脚類《しんきゃくるい》）も、幼虫のときは足が六本しかない。だから、足が六本だから必ず昆虫だとはいえないのだ。

昆虫にしかないもの、昆虫類しかもっていないもの――それは〝はね〟である。はねこそ昆虫の誇る特徴なのだ。

昆虫には四枚のはねがある。はねは、ふつう〝羽〟と書かれるが、これはあまりよくない。羽というのは、本来は鳥の羽毛《うもう》のことである。たとえば、綿《わた》のかわりに鳥の羽毛を入れたふとんは羽布団《はねぶとん》という。昆虫のはねは羽毛ではない。昆虫のはねは英語でいえばウイング（wing）、つまり〝翼《つばさ》〟である。飛行機も鳥もコウモリも翼で飛ぶ。昆虫も翼で飛んでいるのである。

羽毛ではなく翼である昆虫のはねを指すのに、正しくは〝翅《はね》〟という字がある。けれど、この字は当用漢字にもないし、ワープロでもかんたんには出てこない。それでぼくは、昆虫のはねの話をするときにいつも困るのだ。翼と書いても通じないし、羽という字を使うのはいやなので、たいていは〝はね〟と書くことにしている。

いずれにせよ、はねをもっている節足動物は昆虫の他にはない。節足動物だけでなく、昆虫のはねのような翼をもった動物は他にはいない。たしかに鳥にも翼がある。だれでも知っているとおり、鳥のあの翼は前足の変化したものだ。つまり人間の腕と同じものである。けれど、昆虫のはねは足とはまったく関係がない。

昆虫のはねは、昆虫の体の背中側をおおう背板《はいばん》と、腹側をおおう腹板《ふくばん》とをつなぐ側板《そくばん》という部分が外に突き出したものである。こういう由来のはね（翼）をもつ動物は昆虫の他にはいないのだ。左右に突き出した側板は固くなり、丈夫な翅脈《しみゃく》に支えられて、しっかりしたはねになった。けれどこれだけだったら、昆虫は左右に張り出したはねで、グライダーのように滑空することしかできなかったろう。

しかし、側板の出っぱりとして生じた昆虫のこのはねの根元は、その背中側にある背板と、そしてその腹側にある腹板と、複雑な関節で連なっている。だからこのはねは、ただ左右へ突き出した出っぱりではなく、上下に羽ばたくことができる。じっさいに昆虫は、このはねを羽ばたかせて自由に空中を飛んでいる。

問題はどうやってはねを羽ばたかせるかである。鳥の翼は人間の腕と同じだと、さっき述べた。人間の腕から肩にかけては、腕を動かす筋肉がある。人間はこの筋肉を使って腕を動かしている。鳥の翼ももともとは腕であるから、人間のと同じような筋肉がついている。鳥はその筋肉を使って翼を羽ばたかせる。そのためには莫大な力が必要だから、鳥ではこの筋肉が人間とはくらべものにならぬほどよく発達している。それが、ぼくらが鶏を食べるときの〝ささ身〟である。

ところが昆虫のはねにはそんな筋肉はついていない。羽ばたくための筋肉など、はねの根元をいくら探しても見つからないのである。それでは、昆虫はどうやってそのはねを羽ばたかせているのだろうか?

昆虫のはねを動かす筋肉は、はねとはまったく関係ないところにある。つまりそれは、はねの生えている胸の、背中と腹を上下に結ぶように着いているのである。もう少し正確にいえば、筋肉はその上端で胸の背板の下側にくっつき、その下端で腹の上側にくっついているのである。これが昆虫の〝飛翔筋《ひしょうきん》〟なのだ。

この筋肉がちぢむ(収縮する)と背板は腹板のほうへ引き寄せられて、胸は少し平たくなる。逆にこの筋肉が伸びる(弛緩《しかん》する)と、胸はもともともっている弾力でもとの厚みにもどる。こうして、飛翔筋の伸縮によって、昆虫の胸は上下にへこんだりふくらんだりする。そうすると、翼と胸との間の関節のてこの原理で、翼は上下に羽ばたくことになるのである。

つまり昆虫のはねは、鳥の翼や人間の腕とはまったくちがうしくみで動いているのだ。はねは直接にはねに着いた筋肉によって動くのではなく、胸の厚さを変える筋肉によって間接的に動くのである。

では、昆虫のはねにはまったく筋肉が着いていないかというと、そうではない。はねの根元には何本かの細い筋肉が着いている。けれど、これらははねを羽ばたかせる筋肉ではなくて、はねの角度を変えるためのものだ。このおかげで昆虫は、ちょうどヘリコプターと同じように、いきなりまっすぐ飛び上がったり、急に右へ曲がったり、空中に静止して浮かんでいたりできるのだ。

こういうはねを〝発明〟したのは、今から四億年も前の古生代にあらわれた「ムカシアミバネムシ」（昔網翅虫）という昆虫だとされている。この昆虫の化石を見るかぎり、飛びかたはあまりうまくなかったにちがいない。けれど飛びかたの原理は同じだったろう。その後、さまざまな昆虫たちの仲間が進化してきた。それぞれの仲間は、はねをさまざまに〝改良〟した。はねに鱗粉を生やし、それで美しく色どったのもいた。それが鱗翅《りんし》類である。もともと四枚あるはねを二枚にしてしまったのもいる。それが双翅《そうし》類である。

こうして膜翅《まくし》類、鞘翅《しょうし》類、毛翅《もうし》類、脈翅《みゃくし》類、半翅《はんし》類、直翅《ちょくし》類などと、はねの特徴で名づけられたさまざまな昆虫たちがあらわれた。それらの昆虫たちはみな、それぞれにちがうはねや体をもち、生きかたもみなそれぞれにちがう。けれど、すべて昆虫であることに変わりはない。この多様性と共通性のじっさいの姿を探ろうとするのが〝昆虫学〟なのだ。

3 カブトムシの悲劇と甲虫の繁栄

昆虫は六本の足をもつ節足動物で、しかも他の動物にはまったく見られないものとして、四枚のはねをもっている。けれど昆虫を好きな人なら誰でも知っているとおり、これはあくまで大原則である。ぼくらが具体的に見ている個々の昆虫は、その六本の足をさまざまな形に変え、四枚のはねをじつに思い思いの姿にして、それぞれのやりかたで生きているのだ。

たとえば甲虫《こうちゅう》である。甲虫というのは明治時代、甲羅《こうら》のようなはねという意味で甲翅《こうし》類ということばが作られたのにもとづくという。とにかく体をかちかちの甲で固くして身を守ろうとしたグループだと思えばよい。

四枚のはねのうち前の二枚をかちかちにして、それでやわらかい腹部の背面をすっぽりおおうことにした。ちょうど剣道の試合のときに使う防具の〝胴〟を背中側につけたようなものである。剣道の〝胴〟は平らな板では役に立たない。ぐっと丸くなっていて、わき腹まで保護するようにできている。半ば鞘《さや》のように腹にかぶさっているのである。甲虫の固い前ばね（前《ぜん》翅《し》）もこれとよく似ている。カブトムシなどをよく見ればわかるとおり、左右の前翅は背中側のまん中でぴったり合わさり、腹側のへりはぐっと伸びて、まわりこむように腹部を包んでいる。

そこでこの前翅を鞘と見立てた人がいるのだろう、甲虫のこのようなはねを鞘翅《しょうし》（さやばね）と呼び、鞘翅をもつ昆虫という意味で、甲虫類は鞘翅類《しょうし》（コレオプテラ Coleoptera）と名づけられた。コレオはギリシア語で鞘、プテラははねである。

こちこちに固くなった鞘翅は、体を守るにはよいが、もはや飛ぶためのはねとしては役に立たない。飛ぶときは鞘翅をもちあげて、その下にたたみこまれているやわらかい後翅《こうし》を左右に広げる。そしてこのやわらかい膜状の後翅がヘリコプターの翼のように動いて、甲虫を飛ばすのである。固い鞘翅は左右にぴんと広げられたままで、航空力学的には大した役目をはたしていない。それればかりかこれが邪魔になって、左右への回転とか急上昇、急降下とかいう芸当ができない。だから大きなカブトムシは、プーンという音をたてながらゆっくり飛んでいくだけで、うっかりして木の枝などにぶつかったら、ガチャーンと落ちてしまうのだ。

鞘翅というのがあまりなじみのないことばなので、近ごろは〝上翅《じょうし》〟と呼ぶことも多い。たしかに固い前翅はやわらかい後翅を上からおおっているから上翅である。けれど鞘翅類のことを上翅類とはいわないし、甲虫を飛ばすのは鞘翅でも上翅でもなく、後翅二枚だけである。

甲虫は四枚のはねをもっているが、じっさいに飛ぶのには二枚しか使っていないのだ。

このことに〝気づいた〟甲虫はたくさんある。たとえばカナブンやハナムグリは、カブトムシと同じコガネムシの仲間なのに、いったん鞘翅（上翅）をもちあげてやわらかい後翅を左右に広げたら、鞘翅をまたもとのように閉じてしまう。そして飛行の役に立たない鞘翅などに邪魔されず、二枚の後翅だけを動かして、自由自在に飛びまわるのである。

考えてみれば体の表面をかちかちにして身を守るには、必ずしもはねを固い鞘翅にしなくてもよいはずだ。頭や胸と同じように、腹部の背中側もかちかちにしておけば、なにも固い鞘翅で体をおおわなくてもすむではないか。

じっさいそうやっている甲虫がある。ハネカクシの仲間がそれだ。れっきとした鞘翅類の仲間なのに、鞘翅は腹のつけ根をおおうほんの小さな小片である。やわらかい後翅はその下にきっちり折りたたまれてかくれており、いざとなるとさっとそれを広げてすいと飛びたっていく。

それとまったく反対をやっている甲虫もいる。オサムシの仲間である。左右の鞘翅（上翅）は背中のまん中でくっついてしまい、もう開くこともできず、もちあげることもできない。だから体は頑丈な鎧《よろい》で包まれたようになり、身を守るにはこの上ない。けれど上翅が左右くっついてしまって開かないのだから、その下にある後翅（下翅）は広げられず、したがって飛ぶこともできない。使えない後翅をもっているのは意味ないからだろう、たいていのオサムシには後翅がない。つまり退化してしまっている。だからオサムシは地上を歩きまわるだけだ。そこでオサムシのことを漢字では「歩行虫」と書く。飛ぶことができないと、えさの探しかたから、オス・メスの出会いかた、他の場所への分散のしかたも、飛べる甲虫とはちがってくる。それでオサムシにはいろいろとおもしろいことが起こっている。

ところがである。オサムシの中にカタビロオサムシという仲間がいる。カタビロとは肩が広いという意味だ。なぜ肩が広いか。それは飛べるからである。そうなると、この仲間の生きかたは、他の飛べないオサムシとはまたちがったものになる[1]。

とにかくどういうわけか甲虫は昆虫の中でいちばん種類の多い仲間である。ゴライアスオオカブトやヤンバルテナガコガネ、ウスリーの巨大なカミキリのように大きなものから体長一ミリ以下という微小なものまで、世界で少なくとも三七万種、日本だけでも一万六〇〇〇種はいるとされている。住み場所も生活もじつにさまざまで、調べていくと、こんな生きかたがあったのかと驚かされるばかりである。近年の「インセクタリゥム」誌を繰ってみても、サルノコシカケに住むツツキノコムシ[2]などという変な甲虫がいる。死体を埋めるモンシデムシ[3]は昆虫のくせに子どもを育てる。そのための凄まじい競争とかけひき！　そしてアリの巣に住むアリヅカムシ[4]、奇妙な奇妙な生活をするヤドリキスイ[5]など、など、など。このごろ流行のことば「生物多様性」のじっさいの姿がここにある。

（1）「インセクタリゥム」一九九六年一月号「今月の虫：クロカタピロオサムシ」石川良輔。
（2）同、一九九八年一月号「サルノコシカケの中にすむツツキノコムシの世界」川那部真。
（3）同、一九九八年六月号「小動物の死体をめぐるモンシデムシ類のさまざまな行動」鈴木誠治。
（4）同、一九九七年二月号「アリヅカムシの飛翔——微小昆虫の飛ぶメカニズム」野村周平。
（5）同、一九九七年九月号「ハナパチヤドリキスイの生活」杯長閑。

4 鱗粉のはね——チョウとガ

甲虫は体を守ることに執着したあまりに、せっかく四枚あるはねが、二枚しか使えなくなってしまった。チョウやガ（蛾）たちはそんなことはしていない。四枚のはねを四枚ともフルに使って飛びまわっている。それはかりではない。チョウやガは、鱗翅《りんし》類という名のとおり、その四枚のはねを美しい鱗粉《りんぷん》で飾りたてている。

鱗粉は、一口でいえばはねの表面の毛が変化したものであり、鱗翅類の祖先とされる毛翅《もうし》類、つまりトビケラの仲間では、たしかにはねに鱗粉ではなくて毛が生えている。

けれど生きものである以上、ことはそれほどかんたんではない。鱗粉とはなかなか複雑なものである。だいぶ前のことになるが、「インセクタリゥム」一九七七年二月号に和久義夫さんが「チョウ・ガの鱗粉の構造とその形成」という記事を書いて、基本的なことを説明してくれている。

鱗粉には色素が含まれている。モルフォチョウやオオムラサキのように光の角度によって美しい干渉色*の輝きを出す鱗粉もある。こういう鱗粉の配列によって、はねにはさまざまなもようが生じる。そのしくみは遺伝子がらみのむずかしい問題であるらしい。いわゆる発香鱗粉として、スジグロシロチョウのオスのように、人間が嗅いでもわかる匂いを発する場合もある。

鱗粉の働きは複雑だ。多くのチョウにおけるように、はねの色はオスに対するメスの信号となることもあれば、メスに対するオスの信号となることもある。鱗粉の匂いはオス・メスの配偶行動で大切な役割を果たす。メスの尾端から放出される性フェロモンに導かれてメスにとびついたアメリカシロヒトリのオスや、はねの黒と黄の縞もように惹きつけられてやってきてメスのはねにとまったナミアゲハのオスは、はねの鱗粉の匂いを、触角あるいは前肢の先で嗅いで、性行動の対象かどうかを判定する。鱗粉は護身にも役立つ。雨ははじくし、うっかりクモの巣にさわっても、鱗粉だけ残して逃れることができる。

夜に活動し昼は休んでいるガたちは、できるだけ鳥の目につかないような色をしている。甲虫とちがってやわらかいガの体は、鳥にみつかったらひとたまりもないし、昼の光の中ではすばやく飛び立つこともできない。とにかく目につかないことだ。だからたいていのガはチョウにくらべたらまったく派手でない。彼らは目立たないことで身を守り、自分の子孫を残そうとしているのだ。

昼間、明るい光の中で活動するチョウは、ガとは正反対のことをやっている。彼らは目立つことによって異性と出合い、子孫を残そうとしているのだ。ではどうやって身を守るのか。その答えは、チョウのはねの色が表と裏とでものすごくちがうことにありそうだ。たいていのチョウのはねの表はものすごく派手で美しい。けれど裏は黒褐色だったり、雲のようにぼやっとした色だったりする。

そしてチョウは、とまるときはねを立てる。すると外からは目立たない、まさに保護色的な裏しか見えなくなる。はねの表が派手であるだけ、目立たぬ裏はもっと目立たなくなる。これがチョウの戦略らしい。

いずれにせよ、これらすべては鱗粉のおかげだ。甲虫のタマムシのような美しい色は、はねそのものの色である。けれど鱗翅類のチョウの美しいもようもガの渋い色合いも、すべて鱗粉のなせるわざである。鱗翅類のはねそのものは、ほとんど無色透明なうすい膜にすぎない。

けれど鱗翅類の中には、スカシバやミノウスバのように、はねにほとんど鱗粉がないのもいる。オオスカシバのように、羽化したらすぐ鱗粉を落としてしまうものもいる。みんなそれぞれにそれぞれのやりかたがあるのである。

チョウにせよ、ガにせよ、鱗翅類の仲間の成虫は、ものを咬む大あごをなくしてしまって、小あごの変化した長い口吻《こうふん》で、花の蜜そのほかの液体を吸い、それを食物としている。ところが、ちゃんと大あごを残していて、それで花の花粉を咬みくだいて食べるというガもいるのである。コバネガという小さなガがそれだ。「インセクタリゥム」一九九七年三月号には橋本里志さんの「歯をもつ蛾、コバネガ」の話が載っている。だれか日本のコバネガを観察してみませんか。

たしかに鱗翅類は四枚のはねをフルに使っているが、それは彼らが四枚のはねをほんとに四枚に使っているということではない。

甲虫の場合でも、きわめて飛行の巧みなのは、二枚の後ばねだけで飛ぶハナムグリとかカナブンであった。昆虫の中でいちばん速くしかも自在に飛べるのは、ハエなどのような双翅《そうし》類だとされている。双翅類はその名のとおり、はねをほんとに二枚だけにしてしまっている。

昆虫は本来四枚のはねをもって生まれてきたものなのに、飛ぶためにははねは二枚のほうが便利らしいのである。だから鱗翅類も、はねはしっかり四枚あるのに、それを前後二枚ずつつなぎ合わせ、なんとかして左右一枚ずつにしようとしている。チョウでは前翅の後縁と後翅の前縁にひだのようなものがあって、それが互いにかみあって前翅と後翅をつなぎあわせるしくみになっている。多くのガでは、後翅の前部にかなり太い刺《とげ》のようなものが生えており、前翅の根本にある丈夫な毛の束がそれを抱え込んではねをつなげるようになっている。せっかく四枚あるものを、何とかして二枚にしようとするなんて、ふしぎなことだ。それはきっと、昆虫のはねが飛ぶために生えたのではなくて、たまたま生えたものを飛ぶのに使ったものだからだろう。

＊　複数の光の波長が相互に干渉しあって生じる色。

5　ならず者の魔術師——双翅類

昆虫の中でも、双翅類の手品のタネとしかけがぼくにはいちばんよくわからない。そもそも頭も足もはねもないウジがハエになるなんて、まるでジキルとハイドの物語のようだ。はねは四枚より二枚のほうが便利だというので、双翅類はほんとに思いきって二枚にしてしまった。だから双翅類（ディプテラ Diptera: ディはギリシア語の2、プテラはいうまでもなくはねである）と呼ばれている。

残りの二枚つまり後翅は、平均棍《へいきんこん》と呼ばれる小さな器官になっている。体の平衡を保つだけでなく、二枚のはねの動きを叱咤激励する、小さいけれど大切な器官だとされている。

昆虫のはねは直接はねに着いた筋肉によってではなく、胸の厚みを変える間接的な飛翔筋によって上下に羽ばたく。この間接飛翔筋はいったん動きだすと、もはや神経からの指令を待たず、ほとんど自動的に収縮しはじめる。その結果、はねは毎秒一〇〇〇回という猛烈な頻度で羽ばたくことができる。

はねを二枚にしてしまった双翅類は、この能力を存分に発揮して、時速数十キロから一〇〇キロというスピードで飛ぶといわれている。こんな猛スピードで動いたら、目がちらついて、まわりはちゃんと見えないはずだ。ごく最近の論文によると、ハエは飛びながら頭と胸を猛烈にはやく動かし、このちらつきを最小限に食いとめているという。バレリーナが首をキュッキュと振って目がまわるのを防いでいるようなものらしい。

双翅類は気門についてもふしぎなことをやっている。たいていの昆虫学の本に書いてあるとおり、昆虫の体の呼吸器は肺や鰓《えら》ではなく、体の左右を前後に長く走る気管系である。幹線となる太い気管からは、人間の血管と同じように気管支が出ていて、その先は毛細気管となり、それが体内の内臓や筋肉や神経に分布して、直接に酸素を運んでくる。

この直送方式のもとは、体の左右にたくさんある気門である。基本的には体の各節に一対ずつある気門から空気（酸素）が気管系に流れこみ、昆虫はこれで呼吸している。幼虫ではとくにそうである。だから昆虫は首をしめられても窒息して死ぬことはない。

ところが双翅類はよほど省エネ・省資源が好きなのだろうか、本来なら幼虫の体の左右に各節一対ずつある気門をみな閉じてしまって、体のいちばん後ろの一対だけ、気門を残した。その結果、双翅類はものすごい得をすることになった。幼虫はどんなところにいようとも、体の最後端の気門だけを外界につなげておけば、ちゃんと酸素をとりこんで生きていけるのである。

だからハエの幼虫（ウジ）は動物のフンや腐肉の中にもぐりこんでいける。しっぽの先の気門さえ空気中に出しておけば、頭の先をどろどろのフンや肉の中につっこんで食べまくることができる。体側にずらっと気門の並んだ鱗翅類や鞘翅類の幼虫にはこんな芸当はできない。ただし、ウジはしっぽをしめられると窒息する。

さらに、この特技を利用して、双翅類はさまざまな動物に寄生することになった。とくに他の昆虫に寄生している双翅類の幼虫は、しっぽの先にある自分の気門を、寄主の太い気管に穴をあけて、そこにしっかりくっつけておく。寄主が生きているかぎり、寄生している双翅類の幼虫が呼吸に困ることはない。

他の動物に寄生して生きている双翅類は、ものすごくたくさんいる。その生活戦略は驚くほど奇抜である。「なんでそんな生き方をしているの？」と思わず聞きたくなるほどだ。

寄生する双翅類のヤドリバエの中には、南米の軍隊アリの大行進についてまわる種がいる。軍隊アリの行進で追い出されたゴキブリに寄生しようとしているのだ。

秋になると、コオロギのオスはさかんに鳴いてメスを呼ぶが、コオロギに寄生するヤドリバエも、この声にひかれてやってくる。こんなヤドリバエの生活を、嶌洪《しまひろし》氏が一〇年ほど前の、「インセクタリゥム」に紹介している（「寄生生活への道——ヤドリバエの場合」一九八九年一月号〜四月号）。とてもおもしろい。

中南米やアフリカには人に寄生するハエもいるし（篠永哲「ヒトを食うハエ」、「インセクタリゥム」

（以下同様）一九九九年一月号）、ハエを捕食するカマキリに寄生するハエもいる（岩崎拓「カマキリに寄生するヤドリバエの生活史」一九九三年八月号）。とにかく双翅類の寄生のしかたはそれこそ千差万別で、知るほどに驚くことばかりである。

双翅類独自とはもちろんいえないが、双翅類が熱中していることの一つに〝群飛《ぐんぴ》〟がある。いわゆる蚊柱《かばしら》である。蚊柱といっても、カやユスリカに限るわけではない。多くの小型のハエその他、さまざまな双翅類の成虫は、空中のある一ヵ所に多数集まってきて群飛をする（桐谷圭治・宮崎昌久「オオユスリカの蚊柱」一九九五年八月号）。群飛は、ばらばらにいるオスやメスたちが一ヵ所に集まって交尾しやすくする戦略と考えられている。オスにしてみれば競争相手の数もふえるが、メスに出合う確率も高まるのであろう。群飛しながら贈り物でメスを誘う双翅類もいる（井上亜古「オドリバエの求愛給餌」一九九八年五月号）。

「インセクタリゥム」誌のバックナンバーを繰ってみると、双翅類についての記事がなんと多いことか！　双翅類ってこんなにおもしろい昆虫なのだ。虫好きなら誰でも知っている有名な『虫の惑星（1）』（ハワード・E・エヴァンズ著、日高敏隆訳、ハヤカワ文庫）の第八章「空飛ぶならず者への讃歌」を読むと、ますますその感を強くすると思う。

6　息子には父親がいない世界――膜翅類

ぼくは小さいときからハチがきらいだった。理由はかんたん。刺されるのが恐かったからだ。アリも好きではなかった。刺されるわけではなかったが、食べ残したお菓子などにまっ黒にたかっているのはいやだった。

その後、ハチとアリとは膜翅類《まくしるい》という同じ仲間の昆虫であり、アリにははねがないだけだということを知った。そして少年向けの『ファーブル昆虫記』などで、狩人バチや寄生バチやキノコを栽培するアリのことを知るにつれて、アリやハチって何というおもしろい虫なんだろうと思うようになった。

膜翅類はちゃんと四枚のはねをもっている。前ばねと後ばねは少し大きさや形がちがうが、固くなってもいないし、鱗粉でおおわれてもいなくて、すっと伸びた透明な膜のようだ。けれど飛ぶときは前後のはねが連翅装置でつながって、一枚のようになる。

刺すのはハチの特技だが、そのための針は本来は卵を産むための産卵管なので、刺すのはメスだけである。そしてハバチのように刺さないハチもあるし、サシアリといって刺すアリもいる。

けれど膜翅類に共通しているのは、メスになるかオスになるかが、受精したかしなかったかで決まるという、ふしぎな性質である。つまり受精した卵はメスになり、受精しなかった卵はオスになるのだ。

単数倍数性とよばれる、動物には珍しいこの性質を利用して、膜翅類のメスはオスとメスを産み分けることができる。あまりオスに出会えなかったメスは、どうやら世の中にはオスが足りないようだと〝判断〟するのか、卵を受精させないで産み、オスの子をたくさんつくる。

オスと交尾して精子をもらったのち、自分ひとりで巣をつくったばかりの女王バチや女王アリは、どんどん受精卵ばかりを産む。すると生まれてくる子はみなメスになる。働きバチや働きアリはすべてメスだから、女王はこうして、巣を維持し大きくしていくのに必要な働き手をたくさんつくりだすのである。そしていよいよ繁殖の季節がくると、女王は受精させない卵も産むようになる。こういう卵からはオスが生まれるのだ。

膜翅類は、人間にも他のたいていの動物にもできないオスとメスの産み分けを、難なくやってのけているのである。けれどその一方、娘には必ず父親がいるが、息子には父親は絶対にいないという奇妙な世界でもある。そして、膜翅類のこのような世界が、ハチやアリのあの驚くべき〝社会生活〟を生みだすことにもなった。

ぼくが最初に驚いたのは小学生のころ、東京渋谷の原っぱで見たクロアナバチだった。ファーブルの本で読んで「ウソだ！」と思っていたのに、ハチはちゃんとキリギリスを狩ってきて、土の中に掘った巣穴にしまいこもうとしているではないか！

その後、戦争中の疎開先、秋田県の大館でたくさんのハチを見た。イモムシをひきずってくるジガバチ、虫にとっては恐しいはずのクモの網に入りこんで、みごとにクモをしとめるベッコウバチ。小さなハエをかかえてきたと思ったら、いきなり砂地を掘りはじめた小さなハチもいた。そこはじつはこのハチの巣で、食べかけの何匹かのハエにかこまれて幼虫がいた。同じようにハエを狩るというハナダカバチよりはずっと小さかったし、ギングチバチともちがっていた。かと思うと、巣をつくる場所を探して、大きなハラアカハナバチが木造の家の節穴という節穴を調べて飛んでいた。

一九九五年から一九九六年にかけて「インセクタリゥム」に飛び飛びに連載された有賀文章氏の「ジガバチ類の生活」（全七回）を読んで、ジガバチたちも大変だなとあらためて思った。狩りバチたちはじつにさまざまな獲物を狩る。郷右近《ごううこん》勝夫氏の「狩りのスペシャリスト——アナバチ類」（「インセクタリゥム」一九九一年一月号）の図を見てもそれがわかる。虫がいれば必ずそれを狩るハチがいると思ってよい。進化とはこんなふうに起こるものなのだろうか。それにしても、ぼくらが探したっておいそれとは見つからぬ虫たちを、狩りバチたちはどうやってあんなにたくさん見つけてくるのだろう? ぼくは今もそれがふしぎである。

その一方、相手の体の中に入りこんで、中から食ってしまうハチもいる。もちろん親のハチがではなく、その幼虫がである。こういうのがいわゆる寄生バチ（宿《やど》りバチ）だ。けれどこの〝寄生〟は人間に宿る回虫などとは異なって、けっきょくは宿主を中から食べてしまうのだから、〝捕食寄生〟と呼ばれている。

アゲハの幼虫を飼っていたころ、やっと蛹《さなぎ》になったのに、ある日出てきたのはアゲハではなく、アゲハヒメバチだったという経験をずいぶんした。小俣（現岩淵）けい子さんの研究で知られているように、親バチはアゲハの一令から五令までのどんな幼虫にも卵を産みこむ。卵はアゲハ幼虫の体内で二日目には孵《かえ》り、寄主である幼虫が蛹になるまでじっと待っている。そして蛹になると脱皮して二令になり、蛹の体をもりもりと食いはじめるのだ。親が何を目じるしにして〝アゲハの〟幼虫を見つけるのか、ハチの幼虫は寄主が蛹になったことを何を手がかりにして知るのか、くわしいことはわかっていないが、どの寄生バチでもみんな、こんなふしぎなことをやっている。

膜翅類は鞘翅類につぐ大きなグループで、世界に数十万種がいるといわれている。当然ながら、その生き方も多種多様、千差数十万別だ。今回は狩りバチと寄生バチのことだけで終えてミツバチ、スズメバチの社会生活やアリのことは次回にしよう。

7 小さなふしぎな猛獣たち——アリ

アリは、ハチとならぶ膜翅類のもう一つの仲間だが、かなりヘンな昆虫である。

まず、すべての種類が「真社会性」である。つまり必ず集団で生活をしていて、その中で卵を産むものと産まないものの分業が成り立っている。単独性のアリというのはいない。同じ膜翅類のハチの中には、狩りバチにしてもハナバチの仲間にしても、単独性のものもいれば、真社会性のものもいるのである。寄生バチになると真社会性のものはいない。ところが、アリには単独性のものはいないのである。それがなぜだか、ぼくは知らない。

次に、アリたちの集団中にいる成虫にははねがない。はねが生えているのは、いわゆる羽アリとよばれる繁殖期のオスとメスだけだ。けれど、はねの生えたオスが、同じくはねの生えたメスを飛んで追いかけていって交尾すると、そのメスははねを落としてしまう。そして自分ひとりで巣をつくって、卵を産む。オスは交尾したらまもなく死んでしまい、メスといっしょになって巣をつくったりすることはない。卵からかえった幼虫は蛹《さなぎ》になり、やがてはねのないメス、つまりワーカー（働きアリ）になる。

　アリでは階級（カースト）がきわめてよく発達しており、働きアリのほかに兵隊アリ（ソルジャー）というのもいる。木の葉を切りとって巣に持ち帰り、キノコを栽培するので有名な南アメリカのハキリアリには、大小二つのワーカーがいる。大きいほうは木の葉をかついで歩くが、小さいほうはその木の葉に乗っていて、寄生バエがその葉に卵を産むのを防ぐ。

「インセクタリゥム」の一九九二年一一月号はアリの特集である。その中で東正剛氏が書いているオーストラリアのエントツハリアリの話はとくにおもしろい。アリといえば女王とワーカーというカーストがあって、女王は大きくて繁殖時にははねをもち、はねを動かすための立派な飛翔筋をもっている。ところがエントツハリアリには、そのような女王らしい女王がいないのだ。いるのはすべてワーカーばかり。そしてそのワーカーの中の一匹だけが卵を産む。どのワーカーが卵を産むか、それはワーカーたちの間の順位によるらしく、産卵しているワーカーを取り除いてしまうと、はげしい順位争いがおこるという。

　アリというと〝アリ植物〟を思い出す人も多いだろう。茎の中や果実の中が中空になっていて、そこにアリを住まわせている植物のことである。そのような植物とアリとの関係はまさに複雑怪奇というほかはない。共進化のすばらしい例である（本号と前号に市野隆雄・市岡孝朗氏が「熱帯雨林のアリとアリ植物」を連載）。

しかし、植物との間にもっとちがう関係をもっているアリもたくさんいる。アリが植物の種子を撒布してやるのである。ギフチョウが好むのでよく知られているカタクリとか、スミレの仲間とか、日本だけでも一五〇種以上の植物が、このような〝アリ撒布植物〟である。これらの植物の種子には、種子本体にくっついたエライオソームという部分がある。アリはエライオソームに含まれる物質が好きなので、エライオソームのついた種子を拾って巣の近くへ運んでいき、エライオソームを食べたり、そこだけはずして巣の中へ持ちこみ、種子本体は捨ててしまう。こうして種子がアリによって撒布されるのだが、これに妨害が入る場合もある。アリ特集の「アリと植物のルーズな共生」（大河原恭祐）の中に、この問題が詳しく述べられている。

ところで、アリにはもちろんハチと同じように複眼がある。けれどアリたちがまわりのものを目でどれくらいしっかり見ているのかはわからない。アリがアブラムシを大切に守ってやるのも、見まちがいや勘ちがいのせいだという説さえあったくらいである。

しかし、太陽コンパスによる方向認知ということになると、アリの目は驚くべき働きをする。スイスのR・ヴェーナー教授は、何の目印もないサハラ砂漠で餌を探すアリが、空の偏光パターンを目で認知して巣に帰ってくることを、精密な実験で証明している。そもそも〝太陽コンパスによる定位〟ということが初めて知られたのも、フランスのピエロンとコルネッツが、餌を見つけて巣に帰ってくるアリに、ただのマッチ箱をかぶせて二時間ほどそのままにし、それから解放してやると、その二時間の間に動いた太陽の角度だけずれた方向へ歩いていく、ということを発見したのがきっかけであった。

アリはたえず触角を動かしながら歩いている。そこにあるのが仲間か獲物かそれとも敵か、こうしてたえず探っているのである。同じ種のアリでも、ちがうコロニー（巣）の個体とはけんかをする。コロニーがちがうと匂いもちがい、アリは触角で敏感にそれを感知するのである（同特集号「アリの巣の匂い」山岡亮平）。

餌をみつけたアリが足の先から分泌して、仲間に餌のありかを知らせる〝足あとフェロモン〟も、アリは触角で検知する。

ところでアリは植物とだけでなく、いろいろな動物とも複雑な関係をもっている。多くの場合アリは他の動物にとって恐しい存在である。昆虫はいうに及ばず、卵からかえったばかりのワニの子が、群がるアリに咬まれたり刺されたりして命を失い、けっきょく食べられてしまう場面をテレビで見たことがある。サムライアリは他の種のアリの巣を襲って幼虫や蛹を盗みだし、奴隷として働かせる。

その一方、恐ろしいアリの巣の中へ好んで入っていって住みついている動物もたくさんいる。いわゆるアリのお客である。小さな鞘翅《しょうし》類のアリヅカムシやアリノスハネカクシ、幼虫がアリの巣に入りこんでアリの繭をこじあけ、中の蛹を食べてしまうアリノスアブ、コオロギの一種のアリヅカコオロギ、昆虫でないヤスデの仲間など、じつにさまざまな動物がアリの巣で生きている。寺山守氏による「蟻客《ぎきゃく》のはなし」（同特集号）にあるとおり、こういう動物たちはアりからの攻撃を受けない。匂いや形や行動がアリに似ていたり、アリの匂いを体につけていたりするためだ。アリをめぐる生き物たちの進化も興味尽きないふしぎさでいっぱいだ。

8 うさん臭い虫たち——〝半翅〟類の〝異翅〟類

半翅類 Hemiptera という名前は、一八世紀（正確には一七三五年らしい）に、あの高名な分類学者リンネ Carl von Linné がつけたものである。

なぜ〝半翅〟類かといえば、それは多くのカメムシ類の前翅が、前半分は甲虫のはね（翅鞘《しょう》）のように厚くて固いのに、後半分はうすくてやわらかいからである。そのようなわけで、カメムシ類のはねは〝半翅鞘〟とよばれている。

けれどリンネは、はねのこの特徴以外のことも考えに入れて、セミやウンカの仲間なども、カメムシなどと同じく〝半翅類〟に属するとした。しかし、セミやウンカのはねは半分が固くて半分がやわらかいというようなものではなく、はね全体が同質である。

そこで半翅類（半翅目）を、カメムシの仲間のようにはねが二つの異なる部分から成る異翅《いし》亜目《あもく》 Heteroptera と、セミの仲間のようにはね全体が同質である同翅亜目《どうしあもく》 Homoptera という二つのグループに分けるのがふつうになった。

異翅亜目、同翅亜目を通じて、半翅類にはもう一つ共通の大きな特徴がある。それはどれも大きくて丈夫な口吻《こうふん》をもっていて、それを動物や植物に突き刺して汁を吸い、食物としていることである。それで半翅類のことを〝有吻類《ゆうふん》〟Rhynchotaということもある。ただし、異翅類の多くはこの口吻を水平に前方に突き出すこともできるのに対し、同翅類は口吻を体の下方へ向けて直角に立てることしかできない。

いずれにせよ、〝半翅〟類の典型ともいえるのは、異翅類つまりカメムシの仲間である。日本には約一〇〇〇種、世界では約四万種をこえる異翅類がいるとされている。

カメムシ、ツチカメムシ、マルカメムシ、キンカメムシ、ナガカメムシ、ホシカメムシ、ヘリカメムシなど、主として植物の汁を吸って生きる広義のカメムシ類のほか、サシガメやナンキンムシの仲間のように、昆虫その他の動物の血を吸う肉食性のカメムシもいる。

さらにこれら陸生のもののほか、タイコウチ、タガメ、マツモムシ、アメンボのように、水生の異翅類もたくさん知られている。同翅類で水生のものはいない。

異翅類は鱗翅類や鞘翅類のように派手ではないが、いろいろとおもしろい性質や習性がある。まず、たいていの異翅類は匂いをもっている。臭腺からものすごく臭い匂いを出すカメムシには、だれでもひどい目にあった経験があろう。水生の異翅類でもこの点では変わりない。タガメの匂いはタイではスパイスにされている。アメンボは体が飴《あめ》のような匂いがすることからそうよばれるとか。

多くの異翅類は卵や子の保護をする。母親が卵や幼虫の上をおおうようにして、何かほかのものが近づくと体をビクつかせたり、楯《たて》のように体を傾けたり、はねを広げてプーンと羽ばたいたりして守ろうとする。幼虫に餌を与えるものもいる（工藤慎一「ヒメツノカメムシの母親による子の保護」「インセクタリゥム」一九九〇年五～六月号、塚本リサ他「ベニツチカメムシの子への給餌」一九九二年五月号）。タガメはオスが卵塊を守り、ときにはほかのメスがそれを壊しにくる（市川憲平「タガメの繁殖戦略」一九九一年五月号）。

こういうとき、親子の間ではどのような信号がとり交わされているのだろう？ そして子を守ったり、逆に子殺しをしたりすることの意味と効果はどうなのだろう？ 興味ぶかい疑問が次々に湧いてくる。

大部分の陸生カメムシたちは、植物体に口吻を突き刺して汁を吸う。それは植物にとっては災難であり、その植物が農作物であったときは、農業上の大きな問題をひきおこす。けれど、ほかの昆虫の血を吸うサシガメ類や、魚やカエルまでも獲物にするタガメ、タイコウチのような水生の大型カメムシ類の頑丈な口吻にくらべて、陸生で植物の汁を吸うカメムシ類の口吻は、なんとなく頼りない。あれでどうやって吸汁できるのだろうか？

同翅類の場合や、双翅類のカなどについても、同じことが疑問になる。われわれが指で虫をつまんでその口吻を植物の茎に刺そうとしてみても、まず絶対にうまくいかないからだ。本誌

「インセクタリゥム」一九九八年八月号、堀浩二氏の「カメムシの吸汁で植物に被害が生じるしくみ」にあるように、その答えはなかなか複雑である。

いずれにせよカメムシの中には生の茎・葉や果実でなく、乾いた豆のようなこちこちの実を吸うものも少なくない。口吻の先から唾液を出し、それでかたい実を溶かしながら口針を刺しこんでいくのである。

鳴くのはセミの専売特許のようにも思えるが、音を出すカメムシもいる。けれど発音のしくみはセミのとは異なることがわかっている。

カメムシはよくオス・メスがつながっている。いわゆる〝長時間交尾〟である。何日にもわたる長時間交尾は、いったい何のためだろうか？　射精には三〇分もあれば十分なのである。西田隆義氏はそれをいろいろな角度から調べてくれている（「オオツマキヘリカメムシはなぜ長時間交尾をするのか？」本誌一九九一年八月号）。

サシガメの一種ロドニウス・プロリクススは、かつて昆虫の変態ホルモン研究の花形役者であった。成虫化を抑えて幼虫のままで大きくさせるアラタ体ホルモン（幼若ホルモン）の働きはロドニウスでみつかった（イギリスのV・B・ウィグルズワースの研究）。

のちに、そのアラタ体ホルモンの類似物質が紙（ペーパータオルや新聞紙）に含まれていることがわかって大きな話題となるとともに、幼若ホルモンの研究を一挙に進展させることになる。アメリカでヨーロッパ産ホシカメムシ（ピロコリス・アプテルス）を飼育していたC・

M・ウィリアムズとチェコのK・スラーマたちによる〝ペーパー・ファクター〟の偶然の発見だった（H・E・エヴァンズ著『虫の惑星』ハヤカワ文庫第二巻第一章）。

9

吸う者たちの生――同翅類

同翅類といえばセミ、セミといえば夏、と思うのはごく自然な発想である。本当にセミとは驚くべき昆虫だ。あんな小さな体をして、あんなにすさまじい声で鳴く。あの比率でイヌが鳴いたら、どれほどの大声を立てることだろうか。

日本の夏はセミの声でいっぱいである。幼虫時代を地中で過ごすという彼らの生活史戦略のおかげで、車の排気ガスが充満した大都会のまっ只中でも、木々さえあればセミの大合唱が聞かれる。夏はセミの季節であり、同翅類の代表はセミである。けれど残念ながら、これは日本そのほかごく限られた地域にしか通用しない概念なのだ。パリに行ってもロンドンに行っても、セミの声なんて聞こえてこない。つい昨日までいたボルネオ島サラワクのニア国立公園の熱帯林の中でも、アブラゼミ型、クマゼミ型の合唱はなく、どちらかといえばヒグラシ型の、それも「チー」とか「カー」というような控え目な声が、ときに森のあちらのほう、ときにこちらのほうから聞こえてくるだけであった。

いうまでもないが、セミのオスはあの声でメスを呼んでいる。そのためにオスのセミは強大な発音筋と共鳴器をもち、植物の汁を吸うことと鳴くことに人生を賭けている。そこまで成長するために、セミは樹木の根の汁という栄養のごく少ない食物をとりながら、何年にもわたる幼虫時代を過ごす。

有名なのは〝周期ゼミ〟だ。成虫は一七年あるいは一三年という周期でしか現れない。なぜそんなことになったのか、だれしも興味をそそられる。「インセクタリゥム」一九九八年の一〇月号には、周期ゼミについての記事が二つ載っている。(1) 読み直してみて、自然とは複雑なものだなあとあらためて思った。

セミは鳴くばかりが能ではない。メスは木の小枝に卵を産む。小枝に穴をあける産卵装置をメスたちはちゃんともっている。そしてぼくが聞いたところでは、必ず枯れた小枝に産むという。生きた枝だと、植物が防衛のために樹脂を分泌して対応するので、卵が殺されてしまうからだそうである。

夜、成虫になるために地中から出てきた幼虫（ニンフ）たちは、木の幹などにしっかり体を固定し、ゆっくりと脱皮をはじめる。上半身が出たところで彼らはいきなり仰向けになり、そのまま一時間ほどじっとしている。セミの脱皮を観察しようと意気ごんでいた子どもたちは、ここでたいてい眠りこんでしまう。セミはなぜこんなことをするのだろう？　ぼくはずっとふしぎだった。

要するにこれはプログラムである。ニンフの体からぬけだしたとき、前足の先はやわらかい。それがしっかり固くなるまで待っているのだ。夜の冷気の中では、それに一時間もかかる。トンボも同じことをする。バッタははじめから頭を下にして脱皮する。いずれも足の先を固めるためだ。そして足先が固まったとき、胴体やはねはまだやわらかいままである。そのようにプログラムされているのである。

同翅類には、セミによく似ているが、もっと小さな連中もたくさんいる。まずウンカ、ヨコバイ、ハゴロモといった仲間たちだ。体が小さいだけにその種類はやたらに多く、セミとちがって地球上かなり広い地域にわたって、極地を除けばほとんどどこにでもいる。幼虫時代に地中にもぐることもせず、たいていは成虫と同じ植物の汁を吸っている。中には小さな声で鳴くのもあり、自分のとまっている植物の葉や茎に体を叩きつけて振動させ、それでメスを呼ぶのもいる。

姿・形に凝っているのはツノゼミたちである。熱帯に多いが、木の刺に似ていたりして、隠蔽効果を出している。

アワフキたちは成虫になると何の変哲もないウンカだが、幼虫のときは尾端から泡を出し、その泡の塊りの中に身をかくしている。濡れた泡をいやがる敵を逃れるには効果がある(2)。

けれど、同翅類の主力というべきはアブラムシとカイガラムシの仲間だろう。アブラムシはじつに複雑な生活史を発達させて、地球上のほとんどすべての植物にとりついた。虫こぶをつくるものも多い[3]。だれでも知っているとおりアブラムシはふつうは単為生殖で殖える。単為生殖とはつまり処女生殖のことで、メスはオスなしに子どもを産む。昆虫のくせに胎生なのだ。そしてその子はまたメスばかり。それが処女生殖してまた娘を産む。こうして春から夏にかけてアブラムシはどんどん殖える。この季節のアブラムシたちにははねがない。体が小さいので、新しい食物源を探して移動する必要がないのだ。

こうして無翅・胎生・処女生殖メスが何世代かつづくと、植物も弱ったり枯れたりしてくる。すると、はねのある有翅・胎生・処女生殖メスが現れて、ほかの株やちがう種の植物に移る。そこでまた無翅・胎生・処女生殖メスの時代を過ごす。そして秋が近づくとオス・メスを産み分ける産生虫が現れ、オスとメスの成虫が出て交尾。そして受精卵が冬を越す。自分の遺伝子をたくさん残し、かつ遺伝子を混ぜ合わせていくのにもっとも効率のよい方法であろう。

さらに今から二〇年位前、日本の青木重幸氏による〝兵隊アブラムシ〟の発見というまさに世界的大発見があった（青木重幸『兵隊を持ったアブラムシ』どうぶつ社、一九八四）。これによって同翅類も膜翅類・等翅類（シロアリ類）と並ぶ〝社会性昆虫〟であることがわかったのである。兵隊アブラムシの話はいまやだれでも知っているが、その実態はそれぞれのアブラムシによってちがう[4]。じつに興味つきない昆虫たちの世界である。

（1）「インセクタリゥム」一九九八年一〇月号「二二一年目の喧噪」竹田真木生、T・モーガン。
同、一九九八年一〇月号「周期ゼミの進化」吉村仁。
（2）同、一九九一年三月号「アワフキムシの生活」林正美・佐藤有恒。
同、一九九四年四月号「同居するアワフキムシ」松本和馬。
（3）同、一九九一年四月号「虫こぶをつくるアブラムシの寄主植物に対する適応」秋元信一。
（4）同、一九九一年六月号「タケツノアブラムシの兵個体は何を守っているのか」巣瀬司。
同、一九九三年一二月号「ウラジロエゴノキアブラムシの虫こぶと兵隊」青木重幸・黒須詩子。

同、一九九八年八月号「兵隊アブラムシとヒラタアブの攻防戦」柴尾晴信。

10 シロアリの塚——等翅類

シロアリも不思議な昆虫である。すべてのシロアリはいわゆる真社会性であって、単独で生活しているシロアリなどはいない。なぜそんなことになっているのかわからないが、とにかくシロアリの社会はすごいものである。

シロアリとは「白蟻」の意味であるが、かつて松本忠夫氏が書いているとおり、シロアリはアリとはまったくちがう（「インセクタリゥム」一九九二年一一月号、「シロアリとアリの違い」）。

アリは膜翅目の一群で完全変態をする。けれどシロアリは、むしろゴキブリなどに近い等翅目 Isoptera の昆虫であって、不完全変態をする。つまり蛹《さなぎ》という時期がないのである。

完全変態をする昆虫は、卵→幼虫→蛹→成虫というように育つ。不完全変態の昆虫は、卵→若虫、そして成虫となる。

完全変態昆虫の幼虫（larva）と不完全変態昆虫の若虫（nymph）とのちがいは、成虫のはねのもとである翅芽が、体内にあるかそれとも、小さいながら体の外に現れているか、ということにある。もちろん前者が幼虫であり、後者が若虫である。完全変態をする昆虫では、翅芽は蛹になったときはじめて体外に現れる。

ところが、等翅目つまりシロアリ類は、卵→幼虫→若虫→成虫というようにして育つのである。卵からかえった幼虫では、翅芽は体内にある。しかし何回かの脱皮ののち、翅芽は体の外に出てくる。つまり幼虫が若虫になるのである。そして若虫は、当然のことながら、蛹という時期を経ずに成虫になる。だからシロアリは、完全な不完全変態をするのでもなく、完全な完全変態をするのでもないのである。

こういう発育のしかたをする昆虫はシロアリのほかにもある。「昆虫には完全変態類と不完全変態類がある」と本には書いてあるが、それは大まかないい方である。

このことが、アリの社会とシロアリの社会のちがいにも関係してくる。

アリの社会では、真社会性のハチの社会と同様に、卵を産むのは女王であるメスであり、その卵や幼虫を育てたり、食物を集めたりするのは、働きアリ（ワーカー worker）と呼ばれる階級のメス成虫たちである。ワーカーたちはメスの成虫でありながら、いろいろなしくみによって卵を産めなくなっており、社会の維持のために働くようにされているのである。

シロアリの社会でも卵を産むのは女王（メス）である。ただし、アリやハチの社会とちがってシロアリの社会では、女王と共にいつも王（オス）がいて、このペアーはロイヤル・カップルと呼ばれている。

そして、その卵からの発育や巣の世話をするワーカーはすべて若虫である。若虫は成虫ではない。いわば子どもである。シロアリの社会はいうなれば〝小児労働〟で成り立っているのである。

シロアリの巣にはたくさんの兵（soldier）がいて巣を守っている。この兵たちも若虫である。要するに、アリの場合とはまったくちがって、シロアリではワーカーも兵も子どもなのである。原始的な種のシロアリではワーカーが脱皮・成長して、繁殖に関わる成虫になることもある。そのためシロアリのワーカーをワーカーではなく〝偽ワーカー（pseudoergite―pseudoは「偽の」、ergiteは「働くもの」）〟と呼ぶ。

若虫は子どもであるから、オスもメスもいる。アリではワーカーも兵もみな卵を産まない成虫のメスであるが、シロアリでは、少年も少女も働いたり戦ったりしているのだ。そして、脱皮をして多少大きくなることもあるが、成虫になって生殖に関わることなく一生を終えるのがふつうである。その意味ではワーカーも兵も階級（カースト caste）ではあるが、アリの場合の階級とは根本的にちがう。

こういう奇妙な昆虫であるシロアリは、よく知られているとおり、じつに驚くべき社会生活をしている。

シロアリの仲間はとくに熱帯に多い。シロアリというとすぐ、あの巨大な塚を思い出す。たしかにすばらしい建築物で、この小さな生きものがつくったとはとうてい思えないが、熱帯ではシロアリの巣はほとんどあらゆるところにある（松本忠夫「熱帯のシロアリ」「インセクタリゥム」一九七四年七月号）。

大きな塚をつくって、その中でキノコを育て、それを食物にしているシロアリは有名である。菅栄子氏の「サバンナに生きるキノコシロアリ」（「インセクタリゥム」一九九六年一〇月号）を読むと、彼らの塚の構造や生活がよくわかる。

ふつうの緑色植物でなく地衣類を食べるシロアリもいる。東南アジアのコウグンシロアリもその一つだ。熱帯林の中を列をつくって行軍しているのを、ぼくも何度か見たことがある。色が黒いので最初はアリかと思った。けれど、森豊彦氏の記事「地衣類を採食するシロアリの生態」（「インセクタリゥム」一九八七年六月号）によれば、巣の中にはちゃんと白いワーカーがいるそうだ。そして黒いワーカーが兵を先頭に行軍をして地衣類をみつけ、大量に巣に持ち帰る。

アリとちがってシロアリには眼がない。そこで化学的感覚がきわめて重要なものになっている（竹松葉子「シロアリという昆虫」「インセクタリゥム」一九九九年八月号）。すべての認知やコミュニケーションは化学的に行なわれているといってもよいくらいだ。

シロアリの塚の中にある王室（ロイヤル・セル）をこわすと、たくさんのワーカーがどっと女王のまわりに集まってきて、女王のまわりに土の粒を積み上げて防壁をつくりはじめる。土の粒は女王の体から数ミリメートル離れたところにきちんと置かれていく。女王の体の匂いでその位置を認知しているのだ。麻酔した女王の体をS字状に曲げて置いてみたら、防壁もそれに応じてS字状のものができあがった。シロアリとはほんとに不思議な昆虫だと、ぼくは思った。

11 バッタの年――直翅類

バッタ、コオロギ、キリギリスと並べてみると、「インセクタリゥム」誌にはこの順に記事が多い。いずれもいわゆる直翅目 Orthoptera と呼ばれるグループなのであるが、どういうわけかバッタがいちばんよく研究されているからかもしれない。

けれど、鳴く虫としていちばんポピュラーなのはコオロギとその仲間のスズムシ、マツムシなどだろう。だれでも知っているとおりコオロギは秋に鳴く。でもそれはなぜか、と考えた人はあまりいない。このことを真剣に考えた正木進三氏が「コオロギはなぜ秋に鳴くのか」(「インセクタリゥム」一九九七年一月号)にくわしく書いている。話はなかなか複雑であるが、一口でいえば、たいていのコオロギは昼の長い夏の長日で発育がおそくなり、秋に日が短くなると急速に成長して親になり、性的に成熟してメスを求めて鳴きはじめるからである。

いうまでもなく、コオロギで鳴くのはオスであり、オスのはねは発音器部分と音を共鳴させる部分とから成っている。オスは左右のはねをこすりあわせて音を出す。それはメスを呼ぶためのセレナードである。近くに他のオスがやってくると、オスは鳴き方をライバルソングに切り換えて、そのオスを追い払おうとする。

メスはオスのセレナードにひかれて、オスの近くにやってくる。同じ種ならどのオスのセレナードにでもひかれるわけではなく、しっかり鳴く丈夫そうなオスのだけに寄ってくる。それに気づくと、オスはラヴコールに切り換える。

かつて、ドイツの生理学者フーバー F. Huber は、コオロギの脳や神経節に微小な電極を刺す精密な実験をくりかえして、コオロギの歌のしくみを研究した。鳴くか鳴かぬかは脳がきめる。けれど何を歌うか、つまりセレナードかライバルソングかラヴコールかという〝楽譜〟は、胸の神経節の中にある。脳は眼や触角で状況を把握し、今はどれを歌えということを指示するのだ。

キリギリスの仲間もよく鳴くが、そのしくみも大まかにいえばコオロギと同じなのかもしれない。というのは、コオロギもキリギリスも発音は左右のはねのこすりあわせによるもので、はねは中胸と後胸に生えており、その動きは中胸と後胸の神経節にあるニューロン（神経細胞）によって指令されているからである。

バッタの仲間も音を出すが、出し方はコオロギやキリギリスとはまったくちがう。バッタの音は後肢の腿節と前ばねをこすり合わせて出されている。だから歌いかたを命令する神経のしくみも、ぜんぜんちがうのだろう。残念ながらこのしくみについてはフーバーのような明快な研究はないようである。

バッタについて有名なのは、大陸を股にかけた大群飛である。大昔には、大群飛をするバッタとしないバッタとはちがう種類だと思われていた。けれどロシアのウヴァロフ B.P.Uvarov は、ちがう種ではなく同じ種の〝相〟のちがいだということを発見した。そのいきさつについては伊藤嘉昭氏が古く一九八〇年八月の「インセクタリゥム」バッタ特集号にわかりやすく書いている（「昆虫の大発生を考える」）。ぼくも三〇数年前、フランスのストラスブール大学で、ホルモンという見地からバッタの相変異の研究をしたが、わかったのはこの問題の複雑さだけであった。

その複雑さの一端を知らせてくれる論文も「インセクタリゥム」にはいくつか載っている。田中誠二氏の「トノサマバッタの相変異と体色多型Ⅰ、Ⅱ」（一九九六年四月号、五月号）、同じく田中誠二氏「世界一長い翅をもったトノサマバッタ」（一九九二年八月号）、桐谷圭治・田中章氏「馬毛島で大発生したトノサマバッタⅠ、Ⅱ」（一九八七年二月号、一一月号）。

馬毛島《まげじま》は種子島《たねがしま》に近い鹿児島県の島である。そこである年、褐色のトノサマバッタが大発生をした。トノサマバッタはぼくらがいつも見ている緑色のバッタである。それが明治以来、北海道で何度か、三〇年近く前には沖縄県北大東島でも大発生した。つまり〝群集相〟のトノサマバッタになったわけだ。関西国際空港でも猛烈にふえたことがある。多摩動物公園で大量飼育しているトノサマバッタも、みな〝群集相〟に近い茶色いバッタになってしまった（「バッタ飼育の歩み」一九八〇年八月号バッタ特集）。

それでは〝ふつうの〟トノサマバッタはどんな生きかたをしているのか？　古くは山崎柄根氏の「孤独相トノサマバッタの生活」（一九八〇年八月号バッタ特集）、近年では田中寛氏の「トノサマバッタの休眠と生活史I、II」（一九九四年一一月号、一二月号）でそれがわかる。そういう〝ふつうの〟バッタが、ある年、突如として、旧約聖書以来恐れられた大群飛をおこすのである。バッタとはじつにふしぎな虫である（エヴァンズ『虫の惑星』ハヤカワ文庫2の第2章）。

こういう派手なバッタとはべつに、日本にはたくさんバッタがいる。昔は田んぼのイネにたくさんいたイナゴもその一つである。そして、ふと目にした人は親の背に子どもが乗っていると思うオンブバッタも。

いうまでもなく、メスの背に乗っているのは子どもではなくオスである。でもなぜあんなに小さいのか？　なぜいつも背中に乗っているのか？　藤森真理子氏の「オンブバッタの生活史」（「インセクタリゥム」一九九〇年三月号）はそのわけを探ろうとする。どうやらオスは、小さくてもいいから早く成虫になってメスを獲得したほうが自分の子孫を残しやすい。そしてじっと乗っかっていれば、そのメスを他のオスにとられにくいらしい。これがその結論のようである。

コオロギもバッタもみなそれぞれに苦労しているのだ。キリギリスだってそうだろう。

12 おそらくは最も古いヘリコプター――トンボ

トンボはだれでも知っている昆虫であるとともに、きわめて起源の古い昆虫でもある。古生物の絵本などによく出てくる巨大なトンボは、原トンボ類とよばれる仲間で現在のトンボの祖先ではないらしいが、今日生きているトンボ類の祖先と考えられる仲間は、すでに古生代二畳紀には現れていた。

そのような古い時代から、トンボの仲間つまりトンボ目 Odonata の昆虫は、幼虫は水生で水中で育ち、親（成虫）は陸生で、それも空中を主な生活の場とするという生活史をもっていた。その点ではトンボ類はカゲロウ類に近く、同じくらいあるいはもっと起源の古いゴキブリ類が幼虫も成虫も陸生であったのとは明らかに異なっている。

トンボは古代型の昆虫であるが、飛ぶのはきわめてうまい。昆虫としては例外的に、四枚のはねにそれぞれ直接に強力な筋肉がついているので、トンボは四枚のはねをまったく独立して動かすことができる。因みに他のたいていの昆虫では、はねについている筋肉ははねの角度を変えるだけである（第2回参照）。そのおかげでトンボは、その細長い胴体と相まって、じつに「ヘリコプター」そっくりに自由自在に飛ぶ。

前と後の翅がほとんど同じ形をしているカワトンボやイトトンボの仲間は、均翅亜目《きんしあもく》（＝イトトンボ亜目）とよばれ、より古いグループと考えられている。はねの動かしかたも飛びかたもゆっくりしており、また止まるときははねをたたむ。水の中に住む幼虫は体がほっそりと長く、尾端に長い鰓《えら》が突き出している。

典型的なトンボやヤンマの仲間は、不均翅亜目（＝トンボ亜目）とよばれる。前後のはねの形が同じでないからである。飛びかたはじつに巧みで、トンボが古代型の昆虫であることを思わず忘れてしまう。この不均翅亜目の仲間は均翅亜目にくらべるとがっしりした体をしており、はねも力強い。そして止まるときは、はねを左右にピンと広げる。幼虫はずんぐりして頑丈そうな〝ヤゴ〟である。

この二つの亜目の中間にあるのがムカシトンボの仲間である均不均翅亜目（＝ムカシトンボ亜目）だ。はねは前後とも同じような形で、止まるときははねを立てるが、幼虫はがっちりしたヤゴである。

どの亜目のトンボでも、はねの先端の前方には縁紋《えんもん》とよばれる模様がある。この縁紋は昔はただの飾りだと思われていた。けれど、Y・A・ツィンゲルの『おもしろい動物学』（理論社）

によると、これははねの動きを安定させる大切なしかけであるという。

かつて新しい飛行機ができると、テストパイロットがそれを飛ばしてみた。スピードの速い飛行機ができてくると、ときどき翼が振動を始め、飛行機は安定を失って墜落し、テストパイロットが何人も死んだ。どうしたらよいか、飛行機の設計家たちは必死で考えた。トンボの縁紋に気づいた人が、飛行機の翼の先端に縁紋のような重しをつけてみた。翼の振動はおこらず、テスト飛行は成功した。トンボの縁紋の意味がそれでわかったとツィンゲルは書いている。

トンボ類は古い型の昆虫の特徴をたくさんもっているが、その一つが交尾のしかたである。ふつう昆虫は、オスとメスが尾端をつきあわせて交尾する。けれどトンボ類ではそうではない。オスは自分の尾端にあるはさみのような把握器《はあくき》で、メスの首の根本をしっかりはさむ。するとメスは腹をぐっと前へ曲げて、自分の尾端の生殖門《せいしょくもん》を、オスの腹のつけねにある交尾器にあてがい、精子をもらう。こんな形式の交尾をする昆虫はトンボ類の他にはいない。トンボはなぜこんなことをするのだろうか？

じつは、トンボ類のオスの生殖門は尾端にあり、精子はそこから体外に出される。一般の昆虫では、メスも自分の生殖門をオスの尾端の生殖門にあてがって精子をもらう。ところがトンボ類では、オスはメスに精子を渡す前に、まず自分の生殖門から精子を体外に出し、それを自分の腹のつけねにある交尾器に移しておく。そしてメスはそれを受けとるのだ。

つまりオスは、いきなりメスの体内にではなく、いったんそれ以外の場所へ精子を出しておいて、それをメスが受けとるのである。このやりかたは、ずっと原始的な昆虫であるトビムシ類のやりかたと通じるところがある。トビムシたちは、メスをみつけると、オスはメスの近くの地上に生殖門から出した糸でポールを立て、そのてっぺんに精子のかたまりを出す。するとメスが近寄ってきて、自分の生殖門をポールの上にあてがい、そこにつけられた精子を自分の生殖門の中にとりこむのである。トビムシのオスとメスが直接に体を接しあって精子のやりとりをすることはない。

トンボ類では、オスがメスを把握器でつかまえてから精子のやりとりがなされるから、一見すると、オスとメスが体を接しあう一般の昆虫に似ているようにもみえる。けれどじっさいには、メスはオスがいったん自分の体の外に出した精子を受けとっているのであって、基本的にはトビムシと同じことをしているのだとも考えられるのである。

交尾のやりかたはちがっても、オスが他のオスのでなく自分自身の精子でメスの卵を受精させ、自分の遺伝子をもった子孫をできるだけたくさん後代《こうだい》に残したいと〝願っている〟ことにはかわりない。

その結果、トンボたちのオスはなわばりをつくり、他のオスを追い払う。つかまえたメスがすでに他のオスから精子をもらっていたら、そのオスの精子を掻《か》き出してしまう。そしてメスをがっちり把握器でつかまえ、メスが産卵するまで連れて飛ぶ。これがトンボの、一見仲むつまじそうな〝尾《お》つながり〟である。

13 ゴキブリ対カマキリ

今から一四年前、一九八六年一月号の「インセクタリゥム」誌。その「今月の虫」は山崎柄《つか》根《ね》氏によるオオゴキブリだ。はじめに、新年早々ゴキブリとは……と思われそうだけれど、とことわりながら、「人家に侵入してくるようなゴキブリは、世界に5千種もいるゴキブリのうち1％にも満たず、大多数は森にすみ、それも人々との付き合いをほとんどもたずに、ひっそりと暮らす孤高の（？）虫たちなのです」と、山崎氏は書いている。

まさにそのとおりだ。日本にも山の中に行かなければ見ることのできないゴキブリがたくさんいるし、マレーシアなどの熱帯では、人里離れた森の朽木《くちき》の中で家族をなして生活しているゴキブリもいる。みな人間から離れて生きようとしているものばかりで、人間の台所をあさろうなどという魂胆はまったく持ち合わせていない。

ゴキブリは触角が長い。これもゴキブリが嫌われる理由のひとつだろうが、ゴキブリにとってあの長い触角は命より大切なものである。高さ五センチぐらいの小箱を五つか六つ、間を三センチぐらいあけて一列に並べておく。そのいちばん端の箱の上にゴキブリ（ワモンゴキブリ）を一匹置くと、ゴキブリは触角で探りながら次々に箱をすばやく渡っていく。ところが、ゴキブリの触角を切ってしまうと、ゴキブリは最初の箱から次の箱へ渡ろうとせず、いかにも恐ろしそうに下へ降りてしまう。ゴキブリの仲間は目が利《き》かないのである。

ゴキブリ類もトンボに負けず古い型の昆虫である。「ゴキブリ四億年」といわれるくらいである。けれど古い型の昆虫だからといって、生きかたが劣っているわけではない。ゴキブリは地上やものかげで生活することを選んだので、飛ぶことはほとんどない。だから親になってもはねのまったくない種類のゴキブリもたくさんいる。オオゴキブリ、サツマゴキブリなど体の大きな種類にはほとんどみなはねがない。飛ぶための生化学的なしくみもなくなっている（茅野春雄「昆虫の長距離飛行（続篇）——ゴキブリはなぜ長距離飛行できないのか」「インセクタリゥム」一九九二年一月号）。そのかわり、体は平たく、すべすべしていて、土の中や朽木の中をすいすい走りまわる。

古い型の昆虫なのに、ゴキブリはトンボやカゲロウとちがって水とは関係のない生活をしている。すると問題は卵である。卵をどこへ産んだら安全だろうか？

ゴキブリは卵を持ち歩くことにした。だれでも知っているあの卵鞘《らんしょう》というパックに入れ、親がそれを尻の先につけて走りまわることにしたのである。

これが嵩《こう》じると、卵で産むのをやめて、小さな子を産むようになったゴキブリも現れてくる。

いわゆる胎生《たいせい》のゴキブリである。胎生ゴキブリの〝妊娠〟のしくみもくわしく研究されている。

そしてさらに、生まれた子どもたちと家族生活をいとなむゴキブリもいる。本誌一九八九年五月号の松本忠夫氏による「ヨロイモグラゴキブリの亜社会性生活」には、このことがくわしく書かれている。松本氏のこの記事中にもあるとおり、ゴキブリ類はシロアリ類と近縁である。そう言われればなるほどと思えることがたくさんある。親が子を守り育てる亜社会性生活もその一つだ。

ゴキブリとは対照的なのに、なぜか網翅《もうし》類などとしてひとまとめにされていたのがカマキリ類である。とはいっても、系統学ではカマキリ類（カマキリ目《もく》）はゴキブリ目やシロアリ目と同じゴキブリ上目《じょうもく》に入れられているので、ゴキブリとはやはり縁が近いのだ。本誌では何と今から二五年も前、一九七五年一一月号を「カマキリ特集号」にしている。

カマキリは印象の強い虫である。虫のくせに、人を両目でじっとにらみつける。なんとなくこわい気さえするくらいだ。怒るといきなりぐっと立ちあがって、はねをひろげ、鎌《かま》を振りかざす。いわゆるカマキリのディスプレイである。

このディスプレイはじつに人間くさいので、われわれにもその意味がよくよくわかるように思えるし、他の動物たちがとる威嚇《いかく》の行動と同じ原則に立っていることも明らかである。アイブル＝アイベスフェルトという人の書いた『愛と憎しみ』（みすず書房）を読むと、そのことがよくわかる。

「インセクタリゥム」一九八二年一〇月号には、木本浩之氏がカマキリの信号行動についてくわしく分析した「カマキリのディスプレイ」という記事が載っている。カマキリがじつにいろいろな動作をすることにあらためて驚かされるのは、ぼく一人ではないだろう。

カマキリの狩りのしくみとそれに関わる脳の〝コンピューター〟の働きも驚くべきものである。ドイツの生体工学者ミッテルシュテットの先駆的な研究（久田光彦氏が本誌一九七五年一一月号・カマキリ特集号の「カマキリの捕食攻撃――その正確さの秘密」で紹介）に刺激されて、今、いろいろな研究が行なわれている。

交尾中にオスを食ってしまうカマキリのメスの話も有名だ。これには依然として諸説があり、どれがほんとなのだかよくわからない。先年惜《お》しくも飛行機事故で亡くなった井上民二氏は、すでに事態の複雑さをよく見ていた（「カマキリの種内関係」同特集号）。

カマキリでぼくがふしぎに思っていることがある。新潟県長岡市の酒井与喜夫氏が統計的にも認めている「カマキリが秋に卵嚢《らんのう》を産みつける位置が高いと、その冬は雪が深い」という古くからの言い伝えである。酒井氏の長年の統計ではたしかにそのように思われる。けれど、カマキリは自分が卵を産んで死んだあと二ヵ月もして降る雪の量を、どのようにして予知できるのであろうか？　ぼくには皆目わからない。

14

知られざるレースのはね──脈翅類

生物分類学の開祖リンネ（Carl von Linné）は、幅が広くて脈の多いはねをもつ昆虫たちをひとまとめにして脈翅目《みゃくしもく》（ネウロプテラ Neuroptera）と名づけた。この仲間にはトンボ、カゲロウ、カワゲラ、トビケラ、シリアゲムシといった種々雑多なものが含まれていた。

今の昆虫学で脈翅目というのは、レース状のはねをもつクサカゲロウ、ウスバカゲロウ、ラクダムシ、ヘビトンボの仲間である。もっときびしい見方では、ほんとうの脈翅目はクサカゲロウやウスバカゲロウのグループだけであって、ラクダムシはラクダムシ目、ヘビトンボは広翅目《こうしもく》という別の目であり、これらぜんぶを合わせたものは脈翅上目《みゃくしじょうもく》という、もう一つ上のランクのグループだともいわれている。

いずれにせよ、この脈翅目（脈翅上目）は、もっとも原始的な完全変態類であるとされている。つまり、卵、幼虫、蛹《さなぎ》、そして成虫という、いわゆる完全変態をするのだが、その蛹はチョウ（鱗翅目《りんしもく》）や甲虫（鞘翅目《しょうしもく》）のような典型的な完全変態をする昆虫の蛹とは異なって、歩きまわったり咬《か》みついたりするのである。本来、蛹とは成虫の第一令だと考えられているから、脈翅類の蛹はその原始的な姿をとどめているのかもしれない。

脈翅類は日本で一五〇種ほど、世界では六〇〇〇種ほどいるとされているが、どうやらそのすべてが肉食性で、幼虫も成虫も他の虫を捕らえて食べているらしい。草を食う脈翅類というものはいない。

昔からいちばんよく人に知られているのはウスバカゲロウ、つまりアリジゴクであろう。神社やお寺の軒下《のきした》や、大きな木の根元など、雨のあまりあたらないさらさらした土のところには、すり鉢《ばち》状のアリジゴクの棲《す》みかがある。アリジゴクというけれど、アリばかり食べているわけではない。通りかかった小さな虫がこのすり鉢に落ちると、その底で大あごを広げて身をひそめているアリジゴク、つまりウスバカゲロウの幼虫は、大あごで砂をはじき、虫をすり鉢の底に落として大あごで捕《つか》まえる。そして小あごと下唇《かしん》でできた口吻《こうふん》を突き刺して、その体液を吸う。もぬけの殻となった虫の死体は、大あごで巧みにすり鉢の外へはねとばして片づける。

けれど歩き回るアリジゴクもいる（松良俊明「今月の虫：オオウスバカゲロウ」本誌一九九四年一二月号）。かつてぼくは鳥取の砂丘で、およそ落ち着きのないアリジゴクをみつけた。砂の上をそそくさと歩いて、すっと砂にもぐる。二分もしないうちにまたごそごそと出てきて、すこし歩き、また砂にもぐってじっと大あごを広げている。そしてまた移動。こんなことで獲物《えもの》が捕まるのか心配になったが、その幼虫はけっこう丸々と太っていた。

岩棚の地衣《いわだな　ちい》の間で獲物を待つアリジゴクもいる（塚口茂彦「今月の虫：コマダラウスバカゲロウ」一九九一年三月号）。

ウスバカゲロウと並んで人に知られているのはクサカゲロウである。けれど古来有名なのはクサカゲロウの成虫ではなくて、その卵、つまり〝うどんげ〟である。

クサカゲロウの仲間は幼虫の餌であるアブラムシやカイガラムシのいるところに、長い柄をもった卵をかためて産む。それを三千年に一度咲くという伝説の花「憂曇華《うどんげ》」に見立てたのであろう。このやさしげな卵からかえった幼虫は、アブラムシを捕らえて、その体液を吸って育つ（塚口茂彦「クサカゲロウの生活と飼育」一九七七年八月号）。英語では aphid lion（アブラムシのライオン）というおそろしい名で呼ばれている。この食性を利用して、クサカゲロウはアブラムシ退治の天敵として人工的な増殖も試みられている（窪田敬士「クサカゲロウの飼育」一九九四年二月号）。

クサカゲロウやウスバカゲロウの仲間であるいちばん狭い意味での脈翅類には、ツノトンボとカマキリモドキという変な虫もいる。ツノトンボはその名のとおり、一見するとトンボだが、ほんとのトンボにはない長い立派な触角《しょっかく》がニュッと生えている（一九九三年七月号「四季おりおり」松下理一：撮影）。初夏のころ、開けた明るい林の草にとまっているのが偶然にみつかるが、そのときはいつも何ともいえぬ感激をおぼえる。卵は草にかためて産みつけられ、かえった幼虫は地上に降りて小さな虫を捕らえて食うというが、ぼくはまだそのどちらも見たことがない。

カマキリモドキ（一九九三年七月号表紙「ツマグロカマキリモドキ」撮影：福田治、今月の虫：三枝豊平）も奇妙な虫である。前肢はカマキリの鎌そっくり。腹はでっぷりと太い。それもそのはず、カマキリモドキは数千個も卵を産み、かえった幼虫が地上を歩きまわって運よくメスのクモに出会ったらその肢《あし》にしがみつく。そしてこのクモが卵を産むとき卵嚢《らんのう》に入りこみ、太った二令幼虫に脱皮して、たっぷりとクモの卵を食べて蛹になるという。

はねを広げると一〇センチもある大きな昆虫ヘビトンボは、その幼虫であるマゴタロウムシが有名だ。ヘビトンボと同じ仲間のセンブリは幼虫が水生で、川の中でいろいろな虫を捕らえて食べている。この幼虫を乾かした〝孫《まご》太《た》郎虫《ろうむし》〟は、古来、子どものカンの虫の薬とされてきた（吉田利男「ヘビトンボの生活」一九九七年五月号、安江安宣「宮城県白石市斎川の孫太郎虫資料館を訪ねて」一九八七年八月号）。

ぼくはまだ生きたラクダムシを見たことがない。川瀬勝枝氏の「日本産ラクダムシ目について」（一九八六年五月号）を読むと、およそ人間離れ（？）した生活をしている虫らしい。すごく興味をひかれてしまった。

脈翅目は「インセクタリゥム」の表紙にはかなりたくさん登場しているが、まだその生活がよくわかっていない。きっと彼らもそれぞれ不思議な生き方をしているのだろう。脈翅目の昆虫学がたのしみである。

15

水で育つ三つの虫たち――トビケラ、カワゲラ、カゲロウ

トビケラ、カワゲラ、カゲロウという三つの昆虫をここでまとめて書くことには、系統分類学的にはまったく何の意味もない。この三つの昆虫は、まったくちがうグループに属しているからである。

あえて共通点をいうなら、そのどれもが水の中で育つということだけである。事実、トビケラもカワゲラもカゲロウも、みな水中で育って、親になったら陸上に出る。

旅先で夜に着いた知らない町。でも宿の窓にこれらの虫のどれかをみつけたら、ああここには大きな川か池か湖があるなと思う。ぼくにとってはそういう虫たちである。

*

トビケラはチョウやガの仲間つまり鱗翅類に近いグループである。だから卵→幼虫→蛹《さなぎ》→

成虫という完全変態をする。水の中で育つのは幼虫である。

多くの昆虫の幼虫は絹糸を吐く。鱗翅類もその例にもれない。もれないどころか、カイコやミノムシは絹を吐く虫の典型である。

系統的に近い虫は、かなり同じようなことをする。トビケラの幼虫も大量の絹を吐く。そしてその絹糸で自分の住む巣をつくるのだ。

巣のつくりかたは、カイコの繭よりははるかにミノムシのみのに近い。カクツツトビケラというトビケラについての記述でもそれがわかる（伊藤富子「筒巣をつくるトビケラ」本誌一九八四年五月号）。

ぼくはチョウやガの行動に多大の関心をもっていたから、トビケラにもずいぶん気をひかれていた。チョウやガは鱗翅類とよばれるように、はねに鱗粉《りんぷん》をもっている。けれどトビケラは毛翅類《もうしるい》 Trichoptera とよばれるとおり、はねに鱗粉でなく毛をもっているだけだ。彼らは水辺の木にとまり、夕方に大群飛をする。

鱗翅類のうちガの仲間は、メスがフェロモンを出してオスを誘う。トビケラでもそうだろうとぼくは思っていた。

けれど「ヒゲナガカワトビケラの生態」（西村登、一九八五年八月号）を読んで、そうではないことがよくわかった。このトビケラのオスは群飛をし、そこへメスが飛び込んできて、オスと交尾するのである。このやりかたはユスリカのような双翅類《そうしるい》とよく似ている。系統学的には鱗翅類に近いが、交尾の戦略はまったくちがうのだということがよくわかったような気がした。

トビケラの幼虫はザザ虫《むし》とよばれ、信州では昔から大切な食料だった。今、川の流れや水質の変化でザザ虫は減り、高級嗜好《しこう》品となった。

トビケラが問題になったのは、いわゆる〝発電害虫〟としてである。発電所への水路がトビケラの巣でいっぱいになり、水の勢いがそがれて発電能力が落ちるというのである。

けれど、このトビケラたちにしてみれば、こういう水路は餌をとるにはもってこいの場所だ。川の底に網を張って虫を捕らえて食う造網型《ぞうもうがた》のトビケラはそんなところには棲《す》まない。

*

さて次はカワゲラだ。名前は何となくトビケラに似ているが、カワゲラはかなり古い型の不完全変態昆虫である。蛹という時期はない。幼虫（ニンフ）のあしの様子もちがう。前・中・後の三対のあしが、みんな前を向いている。これはカゲロウの場合と同じである。

カワゲラのニンフはいわゆる「川虫《かわむし》」の代表のようなものだ。流れのある川のどこにでも、カワゲラのニンフがみつかる。石の上にいるのもおり、石の下にいるのもある。

けれどじつは、カワゲラのニンフも棲む場所については好みがはげしい。たとえば水温である。同じ川でも、流れる水の温度は場所によって微妙にちがう。それに応じて、そこにいるカワゲラの種類もちがうのである（内田臣一「カワゲラの分布と水温――多摩川を例として」、一九九一年一月号）。

水の流れも場所によってちがう。川の中の流速のちがいでそこに棲む種類がちがうことは、カゲロウ幼虫の棲みわけとしてよく知られているが、カワゲラにおいても同じことである。カワゲラも陸上に出て成虫になる。毛翅類のトビケラとはは《ヽ》ね《ヽ》のつきかたもちがい、ほぼ同じような形の前後のはねは平らに重なっているだけだ。

オスとメスは変わった交信をする。自分がとまっている植物の葉や枝に腹部を打ちつけ、その振動を伝えるのである（本号の花田聡子さんによる「カワゲラのドラミング行動」参照）。

カワゲラは飛ぶのはあまりうまくないが、夕方になると飛ぶ。そのときは必ずといっていいほど川上へ向かう。それは流水で幼虫が育つ昆虫のつねとして、幼虫時代に川下へ流された分を成虫の遡上《そじょう》飛行でとりもどしておかないと、いつかは海に出てしまうからである。

成虫にはねがないセッケイカワゲラなどでは、沢から出た成虫は一ヵ月近くもの間、雪の上をせっせと歩いて、川上で水中に産卵する。

＊

カゲロウ類は昔は蜉蝣目《ふゆうもく》といったが、今はカゲロウ目 Ephemeroptera とよばれている。カゲロウ類の最大の特徴は、成虫が脱皮することである。幼虫は水から出てまず亜成虫になる。亜成虫が群飛する種もあり、何も食べずにじっとしている種もある。いずれにせよ、亜成虫は脱皮して第二令の成虫になり、それが交尾して卵を産む。カゲロウは有翅昆虫の原型といわれるゆえんである。

カゲロウの幼虫の棲みわけは有名だ。そのいきさつはかつて一九七九年一〇月号に載った「カゲロウとすみわけ理論」（大串龍一）にくわしい。図書館へ行って、ぜひ読んでほしい。

16 はねのない昆虫たち——無翅昆虫類

「昆虫学ってなに?」第一回のテーマは「四枚のはね」だった。昆虫のいちばん大きな特徴は〝はね〟だからである。

けれど、だれでも知っているとおり、はねのない昆虫もいる。

幼虫はべつだ。いうまでもなく、はねは昆虫の成虫(親)がもつもので、子ども時代にはない。あるいは、はねのない時期を子ども(幼虫)とよぶのである。

だが、成虫になってもはねのない昆虫も少なくない。ノミやシラミはその典型だ。オスにははねがあるが、メスにはないものもいろいろある。たとえばホタルの仲間にもそういうのが知られている。

そういう虫についてはいずれ回をあらためて述べようと思うが、ここで気になるのは、シミとかトビムシとかいう、いわゆる「無翅昆虫類」たちである。

これらの「無翅昆虫」とよばれる虫たちは、ノミやシラミのように、もとははねがあったのだが寄生生活への適応によってはねがなくなったというわけでもなければ、同じ仲間にははねがあるのに、何らかの理由ではねが極端に小さくなって、まるではねがないようになったりしたのでもなく、もともとはねがなかったものたちなのである。いくら調べてみても、はねのもとになるもの（はねの原基《げんき》とよばれる）など存在していない。ほんとうに、もともとはねのない昆虫なのだ。

昔の昆虫学の本を開いてみると、昆虫は節足動物門の中の昆虫綱《こう》 Insecta というグループであり、それが無翅昆虫亜綱《あこう》 Apterygota と有翅昆虫亜綱 Pterygota の二つに分けられている。いうまでもなくギリシア語の ptera は「はね」、a- は「無い」という意味の接頭辞である。そして、無翅昆虫亜綱は「まだはねの生えていない原始的な昆虫」であり、この仲間が進化してはねをもったとき、ふつうの典型的な昆虫、つまり有翅昆虫亜綱が生じた、と説明されている。

これはなんとなく説得力のある説明なので、無翅昆虫と有翅昆虫という分類は、長い間、どの教科書や分類表にも載っていたし、人々はそのように信じてきた。

けれど、無翅昆虫はほんとうに昆虫なのだろうか？

『日本動物大百科』（平凡社）第八巻の五〇ページには「無翅昆虫は昆虫か？」（上宮英之）という記事が載っている。これを参考にしながら述べてみよう。

無翅昆虫とよばれる虫には、トビムシ類（粘管類《ねんかんるい》）、カマアシムシ類（原尾類《げんびるい》）、コムシ類（双尾類《そうびるい》）、イシノミやシミ類（総尾類《そうびるい》）が含まれている。

これらの昆虫たちはいずれも、親（成虫）になってもはねがまったくない。けれど、子ども（幼虫）のときから六本の肢をもっている。

昆虫とはきわめて縁の遠いヤスデの仲間も、幼虫のときは肢が六本であるが、親になると多足類の名に恥じず、たくさんの肢をもつようになる。けれど、いわゆる無翅昆虫は親になっても六本の肢しかもたないから、八本の肢をもつクモ類とか、一〇本の肢をもつ甲殻類とはちがって、昆虫の仲間に入れられてきたのである。そして、昆虫の特徴とされるはねをもたないから、無翅昆虫というグループとしてひとまとめにされているのだ。

だが、昆虫の特徴の一つに「二本の触角をもつ」というのがある。ムカデ（唇脚類《しんきゃくるい》）やヤスデ（倍脚類《ばいきゃくるい》）は二本の触角をもつが、クモ類（蛛形類《しゅけいるい》）には触角はなく、甲殻類《こうかくるい》は四本の触角をもつ。ところが、カマアシムシ類には触角がない。

典型的な昆虫では、腹部はすべて一一節から成っている。イシノミ類やシミ類では腹部は一一節あるが、コムシ類では一〇節しかなく、トビムシ類では六節しかない。腹節の数などどうでもよいと思うかもしれないが、有翅昆虫ではすべて一一節なのに、一〇とか六とかいうのはなんだか変である。

上宮氏も述べているとおり、口器の構造や触角の筋肉のつき方も、無翅昆虫ではさまざまであり、有翅昆虫をひとまとめにするのは妥当だが、無翅昆虫をひとまとめに考えるのは無理としか思えない。そもそも〝はねがない〟ということは、有翅昆虫以外の動物に共通したものであって、それを特徴とみなすことはできない。いわゆる無翅昆虫の中でも、イシノミ類やシミ類は、有翅昆虫類との共通点がたくさんあり、ちがうのは〝はねがない〟ことだけであって、その他の点では十分に昆虫らしい。

それやこれやのことから見て、現在では、昆虫綱は有翅昆虫亜綱と無翅昆虫亜綱とする分類はおこなわれなくなった。

たとえば『岩波生物学辞典』の分類表では、昆虫綱はカマアシムシ亜綱 Myrientomata（訳せば多節昆虫亜綱）、トビムシ亜綱 Oligoentomata（訳せば少節昆虫亜綱）、無翅昆虫亜綱 Apterygota（コムシ、イシノミ類）、有翅昆虫亜綱となっている。

しかし、「無翅昆虫は昆虫か？」という疑問をもっと推《お》し進めると、上宮氏もいうとおり、〝六本の肢をもつ〟という特徴だけでグループをまとめ、それを六脚上綱 Hexapoda とよび、さらに、カマアシムシその他を昆虫綱からはずし、昆虫全体と同格のカマアシムシ綱（原尾綱）に格上げし、ついでトビムシ綱（粘管綱）、コムシ綱（双尾綱）、昆虫綱とする。イシノミやシミは昆虫綱に含めて、無翅昆虫亜綱とよぶ——というやり方もあり得ることになる。

そうなると、昆虫とはどういう分類群に対応することばになるのだろうか？

17 〝マイナーな〟虫たち――ハサミムシ、ガロアムシ、チャタテムシ

今まで述べてきた昆虫は、世界に何万種といる大きなグループの虫たちだった。けれどよく知られているとおり、昆虫にはいわば〝マイナーな〟グループもある。たとえばハサミムシとかアザミウマとかネジレバネとかいうグループである。

こういうグループの虫はあまり人目にふれないし、生活史や生態もよくわかっていないものが多い。

しかし、いくらマイナーだといっても、アザミウマの仲間は世界に五〇〇〇種以上いるし、ハサミムシだって日本にはまだ二〇種ぐらいしか知られていないけれど、世界では二〇〇〇種近くいると思われる。そして何より重要なのは、そういう昆虫がそれなりにしっかりと生きているということだ。

本章と次章では、そういうグループについて手短に書いてみたい。

まず、ハサミムシ、ガロアムシ、チャタテムシ、そしてシラミ、ハジラミである。いずれもいわゆる不完全変態をする虫だ。これらのうちではいちばん身近そうなハサミムシからはじめよう。

ハサミムシはしっぽのハサミが特徴である。これは他の多くの昆虫にある尾毛が変化したもので、幼虫のときから存在する。これでほかの虫を捕らえたり、敵をおどかしたりする。このグループの革翅目《かくしもく》はねは前翅も後翅もちゃんとあり、前翅は革のような感じで固い。このグループの革翅目Dermapteraという名もここからきた。

ハサミムシというと、ぼくはかつて東京大学で昆虫の変態の研究に没頭されていた故大関和雄先生のことを思いだす。大関先生はハサミムシを材料にして、変態ホルモンの内分泌器官を取り去ったり移植したり、令のちがう幼虫の皮膚を植えかえたり、さまざまなおもしろい研究をしていた。戦後間もない時代のことで、先生の論文は紙の悪い「日本動物学雑誌」などに発表されていた。もちろんカラー写真などないころである。

一匹ずつシャーレに入れられ、いりこ（煮干）の粉を餌として与えられたメスは、自分の子どもたちを大切そうに守っていた。「一緒に育った兄弟姉妹はとても仲がいいんですよ」と大関先生は目を細めて言った。

メスが子育てするのはハサミムシの大きな特徴のようである。中には母親が自分の体を子どもたちに食わせる種もいる（篠本隆志「ハサミムシ類の保護習性」本誌一九七八年一一月号）。

ガロアムシの仲間は世界でも三〇種といない、まさにマイナーなグループである。ぼくもまだ生きているのを見たことがない。北半球の比較的高冷地の湿った土の中などに、ひっそり生きているという不思議な虫である。

化石のガロアムシには立派なはねがあり、今のガロアムシでも飛翔筋の残りがあるというが、今ははねは全くないので欠翅目《けっしもく》 Notoptera と呼ばれている。あまり動き回らずに小さな虫を捕らえて食べているらしいが、発育にも何ヵ月という時間がかかり、ぼくにはたいへん理解し難い虫である。しかし、日本にはガロアムシが広く分布しているそうだから、これからの研究がたのしみである。

ハサミムシとガロアムシは、ゴキブリ上目に属するとされているが、チャタテムシ（嚙虫目《ごうちゅうもく》 Psocoptera）はカメムシ上目に含まれている。世界に三〇〇〇種ほどいるというから、チャタテムシは、それほどマイナーなグループではない（吉澤和徳「チャタテムシの生物学」一九九九年六～七月号）。けれどそのほとんどが体長一ミリとかせいぜい五ミリという小さな虫だから、およそ人には知られていないが、植物の葉の上とか木の幹、岩の上など、よく見ればあちこちにいる虫である。形ははねの生えたアブラムシかキジラミに似ているが、口は咬み型である。食べているものも生活のしかたも、かなり多様であるらしい。

チャタテムシでいちばんよく知られているのは、その発音である（川口源一「チャタテムシの発音――不気味な音」一九九三年三月号）。発音といっても体に発音器官があるわけではなく、口のあたりを他物にこすりつけることによって断続的な音を立てる。それが部屋の壁紙や障子などに響く。

ヨーロッパでは〝死の時計〟deathwatch とよんでいた。この発音は交尾期の信号であるとされているが、すべてのチャタテムシが発音するわけではない。

チャタテムシの中で、人間の家の中に住みついたのがコナチャタテである。古い木のページの間や、動植物の乾燥標本、干物、穀物などの表面を動きまわる白い微小な虫がこれである。もとはどんなところに住んでいたのか、よくわからないが、このコナチャタテの仲間から、動物の体に寄生生活をするように進化したのが、シラミ（虱目《しらみもく》 Anoplura）とハジラミ（食毛目《しょくもうもく》 Mallophaga）だと考えられている。

どちらも体は扁平で、大きさは体長一ミリから数ミリ程度、動物の体表に寄生するためか、やたらと大きい種はいない。現在はどちらもはねはないが、祖先とされるチャタテムシ類にははねがあるから、はねは寄生生活の結果として、二次的になくなったものである。

はねの消失ばかりでなく、虱目と食毛目は、体の構造、肢の構造、卵の産みかたなど、さまざまな点で、動物の体表への寄生生活にじつによく適応している。

しかし、虱目が主に哺乳類に寄生し、その血を吸って生きている（したがって口も吸い型口器である）のに対し、食毛目はほとんどもっぱら鳥類に寄生し、羽毛をかじって食べる（したがって口は咬み型口器である）というのがおもしろい。哺乳類だって毛を食べることはできるはずだし、鳥類だって血を吸えるはずだ。なぜそういう虫があらわれなかったのか、不思議といえば不思議である。

18 〝マイナーな〟虫たち（2）――アザミウマ、シリアゲムシ、ネジレバネ

さて、あとに残るマイナーなグループは、アザミウマ、シリアゲムシ、ネジレバネといったものだ。ちゃんとしたグループ名でいえば、総翅目《そうしもく》、長翅目《ちょうしもく》、撚翅目《ねんしもく》という。なぜそんな名前がついたかはあとで説明する。

この他にも、もっとマイナーなグループとして、紡脚目《ぼうきゃくもう》とか、絶翅目《ぜっしもく》とかいうのがある。前者はシロアリモドキ、後者はジュズヒゲムシの仲間である。けれど、紡脚目は日本に三種だけ、絶翅目は日本にはいないので、パスさせてもらうことにしよう。

アザミウマというのは変な虫だ。だいたいからして名前が変だ。変なのは名前だけではない。その発育のしかたも変である。アザミウマは系統分類学的にはチャタテムシやカメムシなどと同じく、カメムシ上目《じょうもく》に属するとされている。つまり不完全変態をする仲間のはずなのだ。ところが、アザミウマには蛹《さなぎ》の時期があるのである。しかも一令蛹、二令蛹、グループによっ

ては三令蛹、三令も蛹の時期がある。さらにこの蛹が、さすがに餌は食わないが歩き回るのだ。このことについては前号に塘忠顕《つつみ》氏がくわしく述べてくれている（「アザミウマ類――「蛹」の時期をもつ不完全変態昆虫」二〇〇〇年五月号）。

アザミウマのはねも変わっている。四枚のはねは、いうなれば軸だけで、それに長い毛が総《ふさ》のように生えているのである。こんな頼りないはねで飛べるのかと思うが、アザミウマはじつに巧みに自由に飛びまわる。それはひとえに、アザミウマが体長数ミリという超小型の虫であるからだろう。アザミウマ類の正式のグループ名である総翅目 Thysanoptera という呼びかたがこれに由来することはいうまでもない。

とにかくアザミウマは、ちょっと気をつけて見れば、それこそどこにでもいる。たとえばアザミのように少々複雑な形をした花の中や、木の葉のうら、芽や若葉のすきま、その他、その他。もうずっと昔の「インセクタリゥム」（一九七三年一一月号）に芳賀和夫氏が書かれた「アザミウマの生活」や、村井保氏の「アザミウマの生態」（一九八九年一二月号）を図書館で読んでみることをぜひすすめたい。

アザミウマは日本に二〇〇種近く、世界では約六〇〇〇種いるとされているから、けっしてマイナーなグループではない。けれど長翅目 Mecoptera つまりシリアゲムシの仲間は世界に五〇〇種ぐらいしかいないから、たしかにマイナーな虫かもしれない。本誌にも数回しか登場していないようである。

けれど、シリアゲムシはよく目につく。体長二センチをこえる細長い虫で、体より長いはねのもようや体の色もかなり派手だし、ぴんとそり上がったしっぽの先にははさみのようなものがついている。初夏の雑木林の下草の上には、あちこちにシリアゲムシの姿がみられる。

シリアゲムシはいわゆる〝婚姻贈呈《こんいんぞうてい》〟をすることで知られている。オスがメスに贈り物をするのである。ただし、贈りものはオスの分泌物であったり、オスが餌を食べている場所にすぎなかったりする（奥井一満氏「シリアゲムシの配偶行動」一九七六年一〇月号）。

同じく長翅目に属するが、尻を上げてもいないし、ハサミももっていないガガンボモドキという虫がいる。その名のとおり一見ガガンボによく似ている（宮本正一氏の「日本のシリアゲムシ類」一九九三年一月号）。

この虫はほとんど人に知られていなかったが、アメリカのソーンヒル Randy Thornhill の研究以来、一躍昆虫の立て役者になった。ガガンボモドキのオスは、林の中でハエのような昆虫を捕らえ、メスに渡す。それが大きくておいしい虫だったらメスは喜んで食べはじめ、オスに交尾を許す。しかし中には、メスのふりをしてオスに近づき、まんまとそのオスをだまして虫をせしめ、その虫を使ってメスを手に入れる悪いオスもいることを、ソーンヒルは発見したのである。しかし、話はもう少し複雑であるらしい（岩崎靖氏「トガリバガガンボモドキの狩りと交尾」一九九三年一〇月号）。

長翅目と同じくらいマイナーなネジレバネという虫は、およそ奇妙な昆虫である。昆虫はそれぞれ変わった生活をし、変わった形をしているけれど、ネジレバネは格別である。

まず、はねが二枚しかない。その点ではハエやアブのような双翅目《そうしもく》と同じである。けれど、双翅目では後翅が退化してしまって、前翅二枚だけが残っている。ところが、ネジレバネでは前翅が退化して小さくねじれた突起のようになり、後翅二枚が大きく発達して、それで自由に飛ぶのである。前翅が小さくねじれているのが撚翅目《ねんしもく》つまりネジレバネという名の由来である。ただしこれはオスの話であって、ネジレバネのメスにはハネがない。したがってメスは飛ぶことができない。

ネジレバネはすべての種類が寄生性であって、他の昆虫に寄生する。ただし寄生バチや寄生バエのように、寄生した虫の体を食ってしまうのではなく、栄養だけをとるのである。寄生された昆虫は体の調子がおかしくなったりすることはあるが、死んでしまうことはない。あたかも人間に寄生するカイチュウのようなものである。

ネジレバネのメスにははねばかりか、あしもない。歩くこともできないのだ。メスは自分が寄生した昆虫の体表から腹を外につきだし、オスがきて交尾してくれるのを待っている。

ではオスはどうやってメスをみつけるのか？　動けないメスはどうやって卵を産み、卵からかえった幼虫はどうやって他の虫にとりついて寄生するのか？　それらのことは木船悌嗣氏と前田泰生氏による連載「ネジレバネ類の生態Ⅰ～Ⅴ」（『インセクタリゥム』一九九〇年四～八月号）にゆずろう。

19　群飛の論理

これまで、いろいろな昆虫のグループについて、ぼくのごく大ざっぱな印象を述べてきた。これはある意味では昆虫を縦に見てきたのだともいえる。系統学的にまとめられたグループを軸にして虫を見てきたのだからである。

そのようにして虫を見るとき、昆虫にはなんとさまざまなものがいることか、あらためて驚かされる。鱗翅目あり、半翅目あり、双翅目あり、そしてはねのない昆虫もいる。昆虫には四枚のはねがあるなどというけれど、うそではないか！といいたくなる。でもそれらはみんな昆虫なのだ。

それと同時に、これらさまざまな昆虫たちの中には、まったくちがうグループに属しながら同じようなことをしているものもみつかる。それもまたおもしろいことなのだ。系統的にはまったくちがうのに、なぜ同じようなことをして生きるのだろう？

今度は昆虫をこういう視点から見てみようと思う。今までのが縦だとすれば、これは横に見ることだといえるだろう。

たとえば〝群飛〟である。

グンピといってもわからないかもしれない。早くいえば〝蚊柱《かばしら》〟である。

昔、ぼくが子どものころは、夏の夕方になると道ばたや家の門柱の近くなどによく蚊柱が立った。そばで大きな声をだしたりすると、蚊が口の中に飛びこんできた。

これは蚊のオスたちが集まって飛んでいるのだと、本には書いてあった。オスたちは互いにほかのオスの羽音にひかれて集まってくるのだ、だから羽音に近い音を含んだ声を出すと、蚊は口の中に飛びこんでくるのだとも書いてあった。

でも何のためにオスの蚊たちはこんなことをしているのか、ぼくはふしぎだった。けれどそのころは、〝何のために？〟と問うことは科学では禁じられていた。

夏の夕方、一定の気温で一定の暗さになると、オスの蚊たちは飛び立ち、互いの羽音にひかれて一定の場所に集まるので、いわゆる蚊柱ができる。蚊柱は一定時間経つと、オスの蚊たちの生理的状態が変わるので解消する――このような説明が科学的なものとされた。

たしかに、蚊柱のできるメカニズムについてはそうであるかもしれない。一つつけ加えれば、蚊たちはどこにでも集まるのではなく、ある岩の上とか枝の下とか、何かあるもの（ランドマーク）を目印にして、そこに集まる。そしてじつはこのことが蚊柱の〝目的〟に関係しているのだ。メスたちもこのランドマークを目印にして、同じところへやってくる。そして群飛しているオスたちの中へ飛び込み、交尾するのである。

今ではよく知られているとおり、蚊柱は単に機械的な産物ではなく、オス・メスが出合って交尾するためのものなのである。

蚊柱とよばれるものは、多くはユスリカが作っている。けれどユスリカのほかにも、蚊柱つまり群飛をする双翅類はきわめて多い。町の中でも、真冬でも、家の軒下や植えこみの上で、種類もよくわからぬ小さなハエのような双翅類が群飛している。

群飛をするのは双翅類だけではない。カゲロウもするし、トビケラもする。鱗翅類のはレックと呼ばれることもある。ホタルの集団発光も、ある意味では群飛と同じことだ。ある大きな木などにたくさん集まって光っているオスたちの中に、メスが入りこんでくる。そしてオスたちの品定めをして、選んだオスと交尾するのである。

群飛（swarm）をする虫は、どこででも育つような虫である。たとえばユスリカは、ちょっと水のあるところならどこででも育ち、その場所で成虫になる。もしオスがメスを探して飛んでまわるとしたら、オスはそれこそそこらじゅうを飛んで探さねばならない。メスはどこにいるかわからないからである。

チョウのように、特定の植物の上で育ち、その近くで成虫になるのとはちがう。チョウのオスはその植物のありそうなところを飛び、似たような葉の植物を見たらそこへ近寄っていく。そして目ざす植物の匂いがしたら、そのあたりを丹念に探すのである。

ガ（蛾）は夜の闇の中でオスがメスを探すが、ガのメスはそれぞれの種に特有のフェロモンを放つ。オスはその匂いを探して飛びまわり、匂いを感じたらその中でメスの姿を探す。けれどユスリカのメスはフェロモンなど出さない。

そういう虫のオスとメスがうまく出合うにはどうしたらよいか、そこで採用されたのが〝群飛の戦略〟である。

あちらこちらで一匹ずつ生まれたオスたちが、特定のランドマークという目印に集まって、群飛が成立する。メスもそのランドマークにやってくるから、オスとメスの出合う確率は高くなる。オスがたくさん集まるから、オスどうしの競争率も高まるが、次々とメスがやってくるから、一匹だけであてどもなく探していくより効率はいいはずだ。

もし何かの理由で、同じ種類のユスリカが同じ場所で大量に発生したらどうなるか？　そのようなときオスは群飛などしない。集まっているユスリカの間を歩きまわってメスを探す。ある地域で生まれてくるユスリカの数が少なければ群飛が、多ければ歩きまわってメスをみつけていくほうが、自分の子孫をできるだけたくさん後代に残すうえでは有利なのである。

20
探索と可能性

群飛をする昆虫は、探すという手間を省いている。自分がとにかくある目印（ランドマーク）のところへいけば、他のオスもそこに集まってきているし、まもなくメスもそこへやってくるからである。

けれど、自分ひとりでせっせと飛びまわってメスを探している昆虫も多い。その典型の一つはチョウである。

たいていのチョウのメスは、蛹《さなぎ》から羽化したらそのままじっと動かずにいる。あるいは、まだ動かずにいるうちにオスが交尾を迫りにくる。そうでないとオスは、確実に自分の子孫を産んでくれる処女のメスを手に入れることができないからである。

キチョウなどでは、オスはまだ蛹の状態にあるメスにもやってくる。羽化の一日前ぐらいになると、メスのチョウのはねの色が蛹のからを透かして見えてくる。飛びまわっているオスは、目ざとくそれをみつけ、その近くにとまって、じっとメスの羽化を待つのである。確実に自分の遺伝子をもった子孫を産ませようとする、何という執念！　他にもこういうことをするものは昆虫にかぎらずダニにもたくさんいる。

いずれにせよオスは、せっせと飛びまわって処女のメスをみつけねばならない。チョウがひらひら飛んでいるのも、一つにはそのためである。チョウが交尾のために群飛集団をつくるという戦略をとっていたならば、チョウは人間にとって今ほど身近なものにはなっていなかっただろう。

いうまでもなく、このメス探索のとき、オスは完全に目に頼っている。オスはメスのチョウのはねの色あるいは模様で、メスをみつける。だからチョウは昼間飛び、はねも大きくて色彩も派手なのである。

一方、同じ鱗翅類のガは、基本的には夜行性で、オスは夜にメスを探す。

かつて、ガのオスはメスを〝探す〟のではなく、メスの放つ性フェロモンに導かれてメスのところにやってくるのだと考えられていた。

たしかに部分的にはそのとおりである。オスのガはメスのごく近くにくると、空気中にただよう性フェロモンの匂いで〝このあたりにメスがいるな〟ということを知る。そしてその匂いの元へとおもむく。

けれどこの〝メスのごく近く〟というのは、メスからせいぜい一メートル、二メートルという距離で、小さいガでは数十センチにも達しない。偶然そこに到達するまでは、オスは暗い夜の空をあちこち飛びまわり、探しているのである。メスそのものではなく、メスの近くにただようフェロモンの匂いをである。

われわれもものを探すことがある。落としたものを探したり、必要な書物を探したり、あるいは旅先で昼飯の食えそうな店を探したりする。そういうときわれわれは、手あたりしだい闇雲に探すことはない。それが〝ありそうな〟ところを探す。つまり可能性の高い場所を選んでいくのである。チョウやガでもこれはまったく同じである。ナミアゲハやクロアゲハのオスは、畑や草地には関心を示さず、木のあるところを飛ぶ。彼らの幼虫はミカン科の木で育つので、木のないところに処女のメスがいる可能性はないからだ。

けれどモンシロチョウは木には何の興味もなく、草地ばかりを飛ぶ、同じアゲハでもキアゲハは草地に専念する。いうまでもなく、これらのチョウの幼虫は木ではなく、草本植物を食べて育つからだ。

チョウのメスが卵を産むときも同じである。メスたちは幼虫の食草を探してまわる。「可能性の原則」はもちろんこのときも適用される。

かつてぼくは、どう見ても卵を産もうとしていると考えられるメスのモンシロチョウを道ぞいにずっと追っていったことがある。

道は東京農工大学の農場の中にある舗装されていない農道だった。道ばたにはところどころにいろいろな草が生えていた。チョウは土しかない道のまん中を飛ぶことはなく、草の生えた道ばたに沿って飛んだ。ときどき風にあおられて道の中央にでてしまうと、急いでどちらかの側の道ばたの草へ戻った。それは草の緑色に惹かれているからだと思われた（色紙を地面に敷いておく実験でも、チョウは緑色の紙の上を好んで飛ぶということを後で知った）。

しかし、その草が葉の細いイネ科植物であると、チョウはさっさとそれから離れ、次の緑を求めて進んだ。丸い葉をした草に出あうと、チョウの飛びかたは少しゆっくりになった。だがそれがたとえばアカザであったらば、チョウはまたそれから離れる。

けれど、次の緑はイヌガラシだった。チョウはがぜんそれに関心を示し、その上をぐるりとまわる。植物体のまわりにはその植物特有の匂いがほんのりただよっている。これをケミカル・ハロー（化学的な暈《かさ》）というが、チョウはイヌガラシのアブラナ科特有のケミカル・ハローを触角で感じとったのだ。そしてイヌガラシにとまって前足でたたく。今度は足先の接触化学感覚器で、アブラナ科植物の葉の匂いを確かめているのだ。そして腹を曲げる。腹の先の触覚器が葉との接触を感じると、卵が産まれる。

以前、四国農業試験場の人たちから聞いたところでは、大きな池のまん中に浮かべたフェロモントラップに、ガはちっとも入らないそうである。メスの性フェロモンの匂いを探して飛び回っているオスのガは、池の水面の反射を見て、ここにはメスがいる可能性はないことを知ってしまうのだ。透明ビニールを敷きつめた畑に置いたフェロモントラップや、金属製で月夜には光るトラップにも、ガは入らない。光るということは水の反射を意味してしまうのだろう。

それはメスのいる可能性がないことなのだ。

多くの昆虫の探索は、このようにすべて可能性に裏づけられているのである。

21

水と空気の間

かつてチョウの蛹《さなぎ》の保護色の研究をしていたころのことである。ぼくはアゲハ（ナミアゲハ）の老熟幼虫を糸でしばり、どんな色の蛹ができるかを調べていた。

それを見て、たいていの人はこう聞いた。

「息ができなくなりませんか？」

その人は自分が首をしめられることを想像していたにちがいない。

けれど昆虫を好きな人だったらだれでも知っているように、そんな心配はまったくない。昆虫は、気管系という脊椎動物のとはまったくちがうシステムで呼吸をしているからである。

気管系は体の中のすみずみにまで張りめぐらされた丈夫な管のシステムで、体のほとんど各節の側面にその出入口である気門があり、空気はそこから入ってきて、また出ていく。気管の先端は毛細血管のような毛細気管となって、体じゅうの筋肉、神経、腸そのほかあらゆる組織にその細かな枝の先が接している。組織は毛細気管のごくうすい壁を通して気管の中の空気から酸素を吸収し、自分の活動によって生じた二酸化炭素を気管の中の空気に捨てる。これが昆虫のガス交換である。

つまり脊椎動物では、肺やえらでガス交換をし、酸素や二酸化炭素は血液が運んでくるのだが、昆虫では空気が気管によってそれぞれの組織にまで〝直配〟されるのである。

けれど残念ながらこの直配方式は、体が小さいときにしか使えない。昆虫の体がゾウはおろか、大きなネズミぐらいの大きさになってしまったら、ある物理的な理由により、直配方式は不可能となる。だからあまり大きな昆虫はいないのである。かつて映画にあった巨大なガ（モスラ）、など、絶対に生きていけない架空の存在でしかない。

昆虫はこの気管系というシステムに徹底的に依存している。水生昆虫の中にはトビケラの幼虫のように立派なえらをもっていて、それで水中の酸素をじかに呼吸しているものがたくさんいるではないか、といわれるかもしれない。

けれどあのえらは魚のえらとはまったくちがう。あれは〝気管えら〟なのである。たしかにえらそのものは水との間でガス交換をすることができる。そういう意味ではあのえらはまさにえらである。ちがうのはその先だ。

魚のえらは水中からとりこんだ酸素を血液に渡す。そして血液が全身を循環して酸素を運んでまわるのである。

しかし昆虫の気管えらの根もとには、ちゃんと気管の先がきている。水中から取りこまれた酸素は、そこで気管の中の空気に渡される。そして陸上昆虫におけるのと同じように体内に張りめぐらされた気管システムによって、それぞれの組織に直配されるのである。

だから、こういう幼虫がいよいよ成虫になって陸上に出るときには、あっさりえらを捨ててしまえばよい。そしてその場所に気門をあければよいのである。体内にはもともと気管システムがちゃんと存在しているのだからだ。

両生類のオタマジャクシだったらそうかんたんにはいかない。えらがだんだんなくなっていくのに見合って、体のまったくべつの場所に、空気呼吸のための肺をつくらなければならない。

コオイムシやフウセンムシのような半翅類の水生昆虫は、体の後端部の気門だけを残して、それ以外の気門は全部閉じてある。そして、定期的に水面に上がってきて尻の先を水上に出し、体内の気管システムの空気を入れかえる。ミズカマキリなどは尻の先に長い呼吸管をつくり、それで空気の入れかえをするが、比較的短い時間ごとに水面に上がってくる必要がある点では、あまり変わりはない。

もっとうまいことをやっている昆虫もいる。たとえばゲンゴロウだ。ゲンゴロウは尻の先に小さな気泡をつけて、ものすごく長い間水の中を泳ぎまわっている。あんな小さな気泡一つの空気で、なぜこんなに長い間潜水していられるのだろうか？

ゲンゴロウ（の成虫）の気門は、腹部の背面に開いている。そしてはねが腹部の上をぴしっとおおっているので、はねと腹のすきまから水は侵入してこない。その結果、ゲンゴロウのはねの下は空気をたっぷり貯めた空気室になっている。そしてその空気室のいちばん先が小さな気泡の形をとって尻の先に見えているのである。

この小さな気泡はじつはたいへん大きな働きをしている。水中を泳ぎまわっているゲンゴロウがその活動のために背中の空気室の空気の酸素を使っていくと、空気室の空気の酸素の分圧も下がっていく。当然、この空気の一部である尻の先の気泡の中の酸素分圧も下がっていく。すると、気泡と水の界面を通して、まわりの水の中の酸素が、空気室の空気の中へ溶けこんでくるのである。

何のことはない。ゲンゴロウが空気室の空気の中の酸素を使えば、使うだけの酸素が、まわりの水から自動的に補給されてくるのである。二酸化炭素についてはこの逆に、増えた分は気泡の界面を通してどんどんまわりの水中へ逃げていく。

これはまったくの物理現象である。ゲンゴロウはこの〝物理えら〟のおかげで、小さな気泡一つを尻につけて、自由に水中を泳ぎまわっているのである。彼らは水中にいながら空気を呼吸しているのだ。ボンベの容量に限りがあるアクアラングにくらべたら、格段にすぐれた方法ではないか！

気管のシステムは、昆虫の出現以前からいた他の節足動物ももっているから、昆虫の発明したものではなさそうだ。けれど、それに徹底的に固執して、〝気管えら〟をつくったり、その特殊な形であるトンボのヤゴの直腸の内面にある〝直腸えら〟を発達させたり、あげくの果てにすばらしい〝物理えら〟まで開発したのは、やはり昆虫であった。

22
昆虫の変態——その起源は？

〝変態〟は昆虫の大きな特徴の一つである。昆虫の特徴は四枚のはねと六本の肢《あし》、そして幼虫、蛹《さなぎ》、成虫と変態する、と教わったものだ。

けれど、卵から孵《かえ》ったのち親になるまでに変態するのは、けっして昆虫の専売特許ではない。甲殻《こうかく》類も変態する。たとえば甲殻類のエビやカニは、卵から孵ったときはノープリウスという幼生で、それがメタノープリウス、ゾエアというように変態して、親になる。

ただし、このように変態をするのは海で卵から孵るエビやカニに限られていて、淡水や陸上で卵を産むものでは、ふつう変態をしない。池や川にいるサワガニやザリガニは、小さいながら親と同じ形をした子として卵から孵る。貝類でも同じことだ。海産の貝ではトロコフォラという何の子どもだかさっぱりわからない形をした小さな幼生として卵から孵り、それに小さな貝殻ができて稚貝《ちがい》になるのに、淡水の川や池のシジミ、タニシや陸生の貝であるカタツムリは、はじめから小さな貝の形で卵から孵り、変態などしない。

ところが昆虫は、もともと陸上の動物として進化したものであるのに、みんな必ず変態をする。しかも、時代的にはよりあとから生じてきた鱗翅類、鞘翅類、膜翅類、双翅類といったグループのほうが、幼虫、蛹、成虫という〝完全変態〟をするのである。

古い型の昆虫であるカゲロウ類とかトンボ類とか直翅類とかは、だれでも知っているように〝不完全変態〟をする。不完全変態とは、卵から孵った幼虫にすでに小さなはねが生えており、そのはねが脱皮ごとに大きくなっていって、ついに最後の脱皮のとき、成虫の大きなはねになるものである。

ところが、完全変態をする昆虫では、卵から孵った幼虫には、はねなんかまったくない。アゲハやモンシロチョウの幼虫のことを考えてみれば、すぐわかるとおりだ。そしてその幼虫が蛹になると、突如としてはねが生える。

じつは、ぼくが昔「自然」という科学雑誌（中央公論社）の一九七五年五月号に書いた「チョウのはねはいつ生えるか」という写真入りの論文にあるとおり、卵から孵ったばかりの幼虫には、小さいながら、もうちゃんとはねが生えているのである。ただしそのはねは幼虫の体の内側に、はねの芽、つまり〝翅芽《しが》〟として存在している。そして幼虫が大きくなっていくにつれて、この体の内側にある翅芽も大きくなっていく。だが、それは体の内部にあるので、外からはまったく見えない。幼虫が蛹になる脱皮のとき、相当に大きくなった翅芽が外に現れる。それで、蛹になると、突然にはねが生えるのである。

不完全変態をする昆虫の幼虫（ニンフ）では、この翅芽がはじめから体の外に生えている。そして脱皮するごとに、それが大きくなっていく。そこでかつては、不完全変態類のことを〝外翅類《がいしるい》〟、完全変態類のことを〝内翅類《ないしるい》〟と呼んでいた。

ところが、昆虫の変態をひきおこすホルモンの研究が進むにつれてわかったのは、不完全変態も完全変態も、まったく同じホルモン（前胸腺《ぜんきょうせん》ホルモンとアラタ体ホルモン）によって進行していくということであった。それなのに、なぜ一方では最初から翅芽が外に現れており、もう一方では翅芽は体の内側に隠れているのか？　どの昆虫でも、卵の中で体ができていくときには、まず体節数も少なく、肢も生えていない体ができる。それから体節の数もふえ、各体節に肢が生えて、いもむし型の体になる。そしてその体の内側に、将来のはねの芽になる細胞、つまり最初の翅芽ができてくる。

そこで、イタリアのベルレーゼ A.Berlese という昆虫学者はこう考えた。「完全変態をする昆虫は、どういうわけでか知らないが、早い段階で卵から孵ってしまうのではないか」と。一方、不完全変態をする昆虫は、おそくまで卵の中にいて、翅芽が体の外に出た段階で卵から孵るのだ。

ベルレーゼのこの考えは、何と一九一三年である。けれどごく最近、一九九九年九月に、アメリカの生物学者トルーマン James Truman とその妻リディフォード Lynn Riddiford は、イギリスの国際科学専門誌「ネイチャー」に「昆虫変態の起源」という長文の論文を発表した。そして、「われわれの考えはベルレーゼのものに近い」といっている。

つまりこういうことである。たとえば不完全変態をするカマキリの卵が孵るとき、まず出てくるのは前幼虫（プロニンフ）である。これは餌もとらずにすぐ脱皮して、ニンフになる。ニンフには小さい翅芽が体の外に生えている。しかし、卵から孵ったばかりのプロニンフにはまだ翅芽が現れていない。バッタとかカメムシのような多くの不完全変態昆虫では、プロニンフの時期は卵の中で過ぎてしまい、孵ってくるのは翅芽が体の外に現れたニンフの段階である。

トルーマンとリディフォードは、完全変態類の幼虫は、じつは早く孵りすぎたプロニンフなのだと考えたのである。

卵から早く孵りすぎてしまったこのプロニンフは何か食べて育っていくほかはない。もともと卵の中にいるはずだったのだから、親とちがったものを食べてもいい。このことが成虫との競合を避ける上で、たいへんに有利だった。その結果、完全変態類は大いに繁栄することになった、と彼らはいっている。

ジェームズとリンはぼくの昔からの友人であり、すぐれた昆虫ホルモン学の研究者である。彼らの最新のホルモン学の研究成果が、九〇年も前のベルレーゼに近い考えに至ったのは、じつにおもしろいことだと思う。

23
飛ぶ

単に虫といったら這《は》うものかもしれないが、昆虫といえば飛ぶものである。おもしろいのは、昆虫が子どものときは這うものなのに、親になると飛ぶものになるということだ。

それはいうまでもなく、昆虫には成虫になるとはねが生えるからである（連載第22回）。これが昆虫の進化の跡を示すものであることはまちがいないが、そんなことをいって満足していられるほど、昆虫のはねも、飛ぶ飛びかたも単純なものではない。

連載第2回「四枚のはね」で述べたとおり、昆虫には本来四枚のはねがある。このはねがどうして生えたのかについてはいろいろな説があるが、とにかくこれが鳥やコウモリやかつての空飛ぶ爬虫類たちの翼のように、肢を変形させたものでないことはたしかである。

体の側面に生じたこの出っぱりは、昆虫の体の表面と同じ性質をもっていて、固い。だから昆虫のはねは、鳥やコウモリの翼のように自由にたわんだり、しなったりしない。

はねの断面も鳥の翼とはまったくちがう。鳥の翼は前のほうがうんと厚く、後ろへいくにつれてなだらかに薄くなっていて、ちょうど飛行機の翼のようである。それもそのはず、飛行機の翼は鳥の翼に学んで作られたものなのだ。

飛行機は、鳥の翼に似た断面をもつ翼と、それを前に推し進めるプロペラかジェットエンジンとによって、有名な〝動かない翼の理論〟という飛行力学の理論にしたがって飛んでいる。だから、エンジンが止まって前方への推進力がなくなると、機体を空中に浮かせる揚力もなくなって、飛行機は落ちてしまう。だから、飛行機は空中の一ヵ所に止まっていることはできない。

それができるのはヘリコプターである。ヘリコプターは飛行機とはまったく異なる理論にしたがって飛ぶ。飛行機が〝動かない翼の理論〟で飛ぶのとは反対に、ヘリコプターは〝可動翼の理論〟で飛んでいるのである。

機体の上でぐるぐると回転するヘリコプターの翼は、推進力と揚力を同時に生じさせるのだ。翼の傾きを変えれば推進力ゼロのまま、機体は空中に浮いていることができる。それだからヘリコプターは空中の一点で止まっていることができるのである。

昆虫はいわばヘリコプターの理論で飛んでいる。固くてしなったりたわんだりしない昆虫のはねには、この飛びかたのほうが適しているのである。

けれど、あらゆる動物に共通したことであるが、昆虫のはねも〝回転〟させることはできない。回転させたら、はねはたちまちねじ切れてしまう。そこで昆虫は、はねを前後・上下にはばたくことによって、ヘリコプターの回転する翼と同じ効果を生みだしている。

しかし、ただ単にはねを、たとえば上下にはばたいても、体は前へは進まない。ボートのオールを漕ぐときのように、はねの角度をそのときどきで変える必要がある。そして、はねを打ちおろすときは、はねの前縁を下げながら前方へ向かって打ち、打ち上げるときは前縁を斜め上に傾けながら、後方へ向かってはねをもちあげるとかいうように、細かな調節が必要である。

「四枚のはね」の終わりのところで述べたように、昆虫の四枚のはねのそれぞれの根元には、はねの角度を変える筋肉がついている。この筋肉が細かく働いて、はねの角度は刻々に変わる。その結果、基本的には胸の厚さを変えるだけの動きによって、間接的に上下に打つはねが、ヘリコプターの回転翼と同じ働きをして、昆虫は自由自在に飛ぶのである。

双翅類の仲間のように、はねのはばたきが毎分一〇〇〇回にも達する昆虫では、はねの先端が8の字を描くように動いている。このような動きをひきおこす神経・筋肉システムは、驚くほど精巧にできているにちがいない。

しかし、一口にヘリコプターといっても、昆虫の種類やグループによって、飛びかたもはねの動かしかたもさまざまである。はねが大きくて広いチョウがはねを打ちあげるときは、左右のはねがまずその前縁で合わさり、徐々に後ろのほうまで合わさっていく。そうしないと、左右のはねの間に空気がはさまってしまって、うまく飛ぶことができない。

甲虫は飛ぶのにほとんど役立たない固い鞘翅をもっている。だから一般的にいって飛ぶのが下手である。けれどハナムグリやカナブンは、飛ぶときには鞘翅をたたみ、二枚の後ろのはねだけを使って、双翅類のように巧みに飛ぶ（第3回）。

トンボのはねの縁紋も、うまく飛ぶためのしかけである（第12回）。縁紋をもつ昆虫はトンボ類のほかにもたくさんある。おそらくはそれぞれに縁紋の重要さを〝発見〟したのだろう。

飛ぶ能力の獲得が昆虫にとって莫大な得をもたらしたことはいうまでもない。しかし、それはやがて大きな危険ももたらすことになった。同じように空を飛ぶように進化し、空中を飛びながらえものを捕らえる鳥やコウモリが出現してきたからである。その対抗策として、夜飛ぶガの中には、コウモリの発する超音波をキャッチする耳をもつようになり、コウモリの超音波を聞いたらとたんに飛ぶのをやめ、瞬間的に落下してコウモリをやりすごすものもいる。

島や高山とか氷河にいる昆虫には、はねのないものが多い。なまじはねがあると強い風に吹きとばされて、とんでもないところへもっていかれてしまうからである。逆にその風を利用して、海を渡って何百キロも遠くまで運ばれ、あわよくば分布を広げようとする昆虫もいる。

飛べることがじつにさまざまな昆虫を生みだしたことはたしかである。

昆虫の四枚のはねは偶然にできてしまった。飛行力学上は二枚のほうがよいのだが、そういうことを「考えて」つくられたわけではないからしかたがない。

そこで多くの昆虫は四枚を二枚にしようとした。そのために双翅類は後のはねを捨ててしまった。撚翅《ねんし》類は前ばねを捨てた。鱗翅類や同翅類は、前後のはねをかぎでひっかけて、二枚として使っている。鞘翅類には前ばねを閉じて後ばねだけで飛ぶのがいる。けれどトンボ類は、四枚のはねを四枚に使い、それで驚くべき巧みな飛行をしている。飛ぶ必要がないものや、飛ばないほうが有利な場所に住むものは、はねそのものを「捨てて」しまっている。交尾のための飛翔がすむと、はねを落としてしまうものもいる。偶然の産物であるはねをどのように使うかは、その種、その種によって千差万別なのである。

膜翅類にはいわゆる社会をつくるハチがたくさんいる。しかしまったく社会をつくらぬ単独性のハチもたくさんいて、同じようにちゃんと子孫を残している。同じ膜翅類でもアリはすべてが社会性で、単独性のアリはいない。膜翅類とは相当に異なる等翅類のシロアリ類も、同じように階級分化のある社会をつくる。しかしシロアリのワーカーはすべてニンフであり、アリやハチにおけるようにメスの成虫ではない。こういう類似と差異を、どう考えたらよいのか？

すべての昆虫は他のすべての生きものと同じく、それぞれの個体が自分の遺伝子をもった子孫をできるだけたくさん後代に残そうとしている。その結果としてそれぞれの種が何万年、何十万年という長い間維持されてきた。

この点では、つまり各個体の適応度増大を望むという点では、すべての生きものが目指すところはまったく同じである。それぞれの種の生きものは、それをそれぞれちがうやりかたで実現しようとしているのだ。そのために生活もちがってくる。行動もちがってくる。行動の基盤となる感覚もちがってくる。神経系もちがってくる。体の構造全体がちがってくる。

けれどどこまでいっても、昆虫は所詮は昆虫だ。哺乳類や鳥のようにはなれない。そして、体節をもち、外骨格をもち、気管系をもつ節足動物としてしか振舞えない。水中に住むようになった昆虫もたくさんある。その中にはえらで水中の酸素を呼吸できるようになったものもいる。しかし、そのえらは気管えらであって、魚のえらとは構造も作動のしくみもぜんぜんちがう。けれど水中の酸素をとりこむという点ではまったく同じなのである。

生きものである以上、一匹一匹の個体が自分の遺伝子をもった子孫を残すことは同じである。

そうでなければその生きものは存続しえないからである。そのためにたとえばツチハンミョウは何千という卵を産み、幼虫がたまたま目指すハナバチの巣に連れていかれるという幸運を期待する。しかし、同じくハナバチの巣に幼虫が入りこんで育つ寄生バエは、ハナバチのメスにしつこくついてまわり、すきをねらってハナバチの巣の入口に卵を産む。目指す最終的な目的は同じなのに、そのためのプロセスとその論理はぜんぜんちがうのである。

同じことはどの生きものについてもいえる。動物ばかりでなく植物についても同じである。それが生物多様性といわれるものである。

ぼくはかつて、アゲハチョウ（ナミアゲハ）とモンシロチョウの蛹《さなぎ》の保護色のしくみを研究したことがある。モンシロチョウでは、蛹の色は、蛹になろうとして糸をかけた場所の色で決まる。けれどナミアゲハではそれは色ではなく、糸をかけた場所の匂いである。生きた植物の青臭い匂いがしたら緑色の蛹になるのである。

蛹の色を発現させる色素も、それをコントロールするホルモンも、アゲハチョウとモンシロチョウではまったくちがう。そして匂いによって蛹の色がきまるアゲハチョウは暗いときでも明るいときでも蛹になるための糸かけを始めるのに、足元の色によって蛹の色を決めるモンシロチョウは、暗いときには糸かけを始めない。幼虫がもう成長しきっているのに、明るくなるまで待つのである。それはそうやって待てるしくみがそなわっているからだ。アゲハチョウの幼虫にはそのような〝待つ〟しくみはない。

これはどちらが進化しているか、という問題ではない。どちらも結局はちゃんと保護色になった蛹ができるのだ。

〝緑色だったら緑色の蛹になる〟というのは一つの論理である。〝青臭い匂いがしたら植物の茎か葉だから緑色の蛹になる〟というのもまた一つの論理である。はねを二枚にしたり、しなかったりするのも、それぞれに論理である。社会性になるのもならぬのも同じことだ。それぞれの生きものは、それぞれの論理で同じ目的を達成しているのである。

論理は筋がとおっていなくてはならない。こういうようにするのなら、ここはこうなっていなくてはならない。だとすればこっちはこうであらねばならないはずだ……。

それぞれの生きものはこのように生きている。そのそれぞれがもっている論理は、われわれにとってはしばしば理解しがたいことがある。しかし、わかってみればそれなりに納得できるし、その生きものの存在を理解することもできる。

つまり、その論理を知ることができれば、その生きものがなぜそのような形をし、そのような生きかたをしているかを知ることができるはずなのだ。われわれはそれを知りたいと思っているのではないか？

一つ一つの昆虫についてその論理を知ろうとすること、そして一つのグループとしての昆虫の論理を知ろうとすること、それが〝昆虫学〟である。今、自然とわれわれ自身とを理解するためには、このようなナチュラルヒストリー的アプローチが不可欠なのだ。

エピローグ

湖の国から

今にして思えば

「お元気ですねえ。何か健康に良いことしてますか？」ときどき人からこう聞かれる。七十歳もだいぶ過ぎているのに、そのわりには元気だというのだろう。けれどその度に、ぼくは答える。「いいえ、していません。」

ほんとにそうなのだ。酒は好きで毎晩ウイスキーのソーダ割りを何杯も飲んでいるし、タバコも医者に叱られながら、いまだに止めていない。ただし絶対に吸いこまず、「ふかす」だけである。精神的にはそのほうが良さそうだと思いこんでいるからである。

紅茶やコーヒーには角砂糖を三つ、四ついれる。糖尿になりませんかと聞かれるが、これまでのところその気配はない。

それでもやっぱりときどき考える。これはいったい何故なのかなと。

どうやらそれは、戦争中だった小中校時代に食べものがほとんどなくて、十年間ほど空腹の毎日だったからではなかったか？

そのおかげでぼくの胃は小さくなってしまったらしく、大学を終えるころやっと豊かになってきた食べものも、残さず平らげてしまうことなどできなくなっていた。

その当時はほんとうに辛かったが、今にして思えばそれが幸いしたようである。だから今、ぼくは健康に悪そうなことばかりしながら、どうやら元気に仕事をしていられるのではなかろうか。

ツマキチョウ

五月はチョウの季節である。三月末ごろからちらちら飛んでいたモンシロチョウも、もう二代目の親が出る。数もぐっとふえて、菜畑やキャベツ畑を飛びまわっている。麦畑を飛んでいるのもあるが、そのわけがぼくにはよくわからない。麦はモンシロチョウとはまったく関係ないはずだからである。でも麦畑はけっこう好きらしい。

そんなモンシロチョウにまじって、同じように白いがずっと小さいチョウが目に入ることがある。こちらは畑というよりも、道ばたなどの草や木の生えたところを飛んでいる。あれ、モンシロチョウではないなと思ってよく見ると、飛びかたも少しちがう。

これはツマキチョウというまったく別の種類のチョウなのだ。

運よく目の前で花にでもとまってくれたらよくわかる。はねの形がモンシロとはまるでちがい、前ばねの先が鉤《かぎ》形に突きだしたふしぎな形をしている。そしてこの突き出したはねの先褄《つま》が、ツマキチョウの名のとおり、オスではオレンジ色なのだ。でも飛んでいるときは見えない。

このはね先をみたいばっかりに、ぼくはよくツマキチョウを追って歩いた。そんなときに限って、チョウはなかなかとまってくれない。でも、五月の日の光を浴びながら野道を歩くのは楽しかった。

町のホタル

今年もホタルの季節になった。

暗い夜の中を音もなくただようあのぼおーっとした光を見ていると、いつも夢のような気がしてくる。けれど、ホタルは現実にそこにいるのだ。

ホタルは清流の虫だと思われている。だが本当はそうではない。ホタルが好むのは、人里に近い、少し汚れた流れである。

誰でも知っているとおり、ホタルの幼虫は水の中の貝を食べる。水があまりに清くて貝の食べるものがなければ、ホタルも住めるはずがないのだ。

かつて聞いた話は、まさにそうだった。町はずれの山から流れ出る川の上流に、ブタを飼っている家があった。ブタの餌や排出物で、川の水は少し汚れていたが、その下流の町なかの土手には、毎年たくさんのホタルが出た。ところがあるときそのブタがいなくなり、川はすっかりきれいになった。そうしたらホタルも出なくなった、というのである。

だからといって、水が汚れすぎていたらもちろんだめである。川のへりには草木の生えた土も必要だ。なかなかややこしい。

けれど、「ちょっとした自然」があれば、ホタルは町の中でも出る。ぼくの知っている限りでも、守山市など滋賀の多くの町でのいろいろな努力と経験が、それを如実に示してくれている。

生態学琵琶湖賞

七月一日の琵琶湖の日、第十三回生態学琵琶湖賞の授賞式がおこなわれた。場所は大津のプリンスホテル。滋賀県とはかねて縁の深い秋篠宮殿下も臨席されて、受賞者二人を祝した。

今年の受賞者は日本の今井章雄氏と韓国のジュー・ギージェー（朱杞載）氏であった。

茨城県にある国立環境研究所の今井さんは、霞ケ浦の研究が長い。霞ケ浦の水質は少しずつ改善されているのに、水に溶けた有機物質の量はなぜか年々増えつつある。今井さんはこの物質がじつは水になじみやすい有機物性の酸であることを発見した。それは湖のまわりから流れこんでくるもので、困ったことに浄水場でも除去されないこともわかった。今、霞ケ浦では新しい取り組みが始められようとしている。

ジューさんの業績は韓国第二の大河であるナクドン（洛東）江の研究である。大きな河口堰《せき》が造られているこの河は、河と溜め池という相反する性質をもつようになり、いろいろな生態学的問題が生じた。たとえば魚の六〇パーセントが移入種になってしまっている。ジューさんは、河川管理には慎重かつ統合的な配慮が不可欠であることを、じつにわかりやすい英語で感動的に語ってくれた。琵琶湖の未来についても貴重なことをたくさん教えられた、実り多い授賞式であった。

セミたち

考えてみると、セミも不思議な虫である。

そもそもあんな小さな体をして、よくあんな大きな声が出せるものだ。暑い夏の日の、あのさわがしい大合唱。あの『昆虫記』のファーブルも、セミの声がやかましいと思っていた。

あの音はコオロギやキリギリスの歌とはちがって、はねをすりあわせて出るものではない。セミの腹の付け根の背中側にある発音膜を、その下にある発音筋の伸縮によってはげしく振動させ、その振動音を腹全体に共鳴させて出しているのだ。

歌のふしやメロディー、オーシイツクツクなどという複雑な鳴きかたは、腹をたくみに動かすことによるらしいが、よくぞこんなしくみを「考えだした」ものだ。

腹の付け根の下側には大きな白い膜でできた耳がある。メスのセミはこの耳でオスの鳴き声を聞き、しっかりした声で鳴いているオスのところへ飛んでいく。夏のいわゆる「せみ時雨」は、オスがメスを呼び、メスが丈夫なオスを選ぶプロセスなのである。

木の小枝に産まれた卵からかえった幼虫は、体が軽いのでけがもせず地上に落ち、土に潜って木の根を探し、根の汁を吸って育つ。この汁は栄養が少ないので、育ちきるには数年もかかる。なぜこんな時間のかかることをするのか、そのわけもさっぱりわからない。

解説

ファーブルと日高敏隆

奥本大三郎（フランス文学・昆虫採集家）

本書に収められた文章の主なものは、雑誌「インセクタリゥム」の一九九〇年一月号から二〇〇〇年十二月号にかけて連載されたものである。それらを読み返しながら、私は一種の感慨に耽らざるを得なかった。「インセクタリゥム」はかつて、一九七〇年代から二〇〇〇年にかけて動物園協会から毎年発行されていて、今にして思えば、そのころがいわば日本における昆虫文化の全盛時代であったのだ。専門の、そして大抵は若手で新進気鋭の昆虫学者らが、平易さを心がけながらも、自身の最新の研究成果を踏まえて、新鮮で興味深い記事をこの雑誌に書いていたのである。

ついでに回顧的なことを言えば、当時は、さまざまな出版社から月刊の科学雑誌がでていた。新聞社系の「科学朝日」「科学毎日」「科学読売」、出版社系の「自然」、「アニマ」等。その後では、「ニュートン」「クォーク」「オムニ」等の、写真を大きく扱ったグラビア雑誌風のものが次々に発刊された時代が続いた。もちろん、科学好きの少年には「子供の科学」がもっと昔からあって、それは今も健闘しているわけである。

日高さんは昭和五年、一九三〇年の生まれである。いわゆる虫屋の多くがそうであるように病弱で孤独であった。しかし虫屋には虫がある。本書にも少年時代の虫にまつわる楽しい記憶が二つ書かれている。

ひとつは父親に連れて行ってもらった、日光戦場ヶ原でのヒョウモンチョウ等の飛びかう光景であり、もうひとつは成城学園付属中学の校庭の池での水生昆虫採集の思い出である。しかしそうした平和な時代は長くは続かなかった。

成城学園の付属中学に入って、本来なら優秀な科学少年として、愉快な生活を送るべきところだが、一九三七年からなし崩し的に日中戦争の泥沼にはまり込んでいた日本は、一九四一年には太平洋戦争に突入してしまった。日高さんの少年時代はほとんど戦争と重なっている。おまけに、父親、そして御本人も結核にかかって、当時流行の大衆小説ではないけれど、お家は没落ということになってしまった。親子二人の病気の大元の原因は、碌な食い物もない時代であるから、要するに栄養失調ということであろう。

日高さんの著書のどこで読んだのかはもう忘れてしまったけれど、中学生の頃、道端にじっとしゃがんで犬の死体を眺めていて、お巡りさんに咎められたという話があった。動物の死体に興味を持ったのは、ファーブルの『昆虫記』にある、シデムシの記録を読んでいたからであろうが、その頃の警察官にとって、そういう、不規則で異常な行動をする子供は、とりあえず咎めておかなければならない存在であったのだろう。

「小国民」はすべからく体を鍛え、畏れ多くも天皇陛下のため、お国のためにいつでも命をささげる覚悟をしておらねばならん。それを貴様は何だ、犬の死体なんか見ておって、何を考えておるのかっ！」

ぐらいのことは言ったはずである。それに日高さんはそのころからきっと、背がひょろりと高く、いかにも虚弱そうで、しかもなお悪いことに口を少し歪めて不満そうな顔をする、要するに、すでにインテリの顔をしていたに違いない。お巡りさんとしては一番気に食わない、嫌いなタイプの少年だったであろう——と言うのは私の想像で、かつては体操の先生にもそういう人が居て、生徒をいきなり殴ったりしたものである。戦後育ちの私でさえ、体操の教師にほとんど理由もなしに殴られたというような経験は持っていて、いまだに恨みに思っている。

その頃のファーブル『昆虫記』の最初の訳者は、無政府主義者で、関東大震災のどさくさの中で官憲の手によって虐殺された大杉栄である。大杉は日高さんが学生の頃にはその名を口にすることさえはばかられるような存在であった。

そういう時代を過ごして来た世代の人にとって、敗戦はもちろんショックであったに違いないが、まわりの大人たちの言動の変化、変わり身の早さもまたショックであったという話もよく聞く。

何しろ現人神の天皇陛下様に替わって、新しく日本国民の上に君臨することになったのはレイバンのサングラスにコーンパイプのマッカーサー元帥様なのである。そしてそれまで禁じられていた英米の書物の翻訳がどっと身の回りに溢れることになった。

少しでも左翼がかった表現、性的なあるいは軟弱な感じの言葉は伏字にされたり、本そのものが発禁処分に処されたりしていたのに、それが堂々と出版、販売されるようになったのである。かつての敵性国の映画も平気で上映されることになった。「自由を我らに」「パリ祭」「天井桟敷の人々」「花咲ける騎士道」その他、当時輸入され、一世を風靡したフランス映画の名前だけを挙げてみても、その時代の風潮がある程度わかるであろう。

そんな戦後の欧米文化の流入を自由そのものととらえ、憧れと激しい思い込みを以て受け入れたのは日高さんたちの世代である。だからこの昭和ひとけた世代の方々が岩波文庫、新潮文庫、角川文庫の小さな活字の、硬質の文体というか、欧文直訳体の翻訳文の硬さをものともせず、文字どおりそれに齧りついたのであった。

ちょうどその頃、アメリカ文化とともに日本に入ってきて、都市の中の街路樹や生け垣、庭木を荒らしに荒らした害虫にアメリカシロヒトリという蛾がいた。これはどうやら進駐軍の物資に紛れ込んで来たらしいのだが、食性の範囲が広く、都市の植物をほとんどなんでも食い荒らしたようである。

見たところは日本にも普通に居るヒトリガとあんまり変わらないが、アメリカシロヒトリは、外来昆虫として猛威をふるった。この小さな蛾はもちろん、アメリカ原産の白い灯取り蛾だからアメリカシロヒトリという和名が付いたのだが、このシロという語にはある種の思いが込められているように思われてならない。

というのは戦前、日本移民が大量にアメリカに入った時代、日本からの植物の根に幼虫が付着するなどしてアメリカ本土に侵入し、大農業害虫となったコガネムシの一種がいるのである。マメコガネというその黄金虫は、日本では特にどうということもない普通の虫であったのだが、天敵のいない新天地に入って突然大発生し、大豆や葡萄などの葉を派手に食い荒らし、ついには〝ジャパニーズビートル〟と呼ばれて忌み嫌われるようになった。

異質な文化を持ち、安い賃金で我慢強く働いて在来の西欧系労働者の地位を脅かしそうに思われた日本人移民のイメージと、この虫のそれとが重ね合わされて黄禍論につながった。英語のビートルという言葉にはあまりいい意味はなく、戦争がはじまると日本人だけが強制収容所に連行されるなど、差別的な扱いを受けることになる。

アメリカシロヒトリというその名には、意図してかしないでか、このジャパニーズビートルという呼称に対するひそかな仕返しの気配もありそうである。

さて、アメリカシロヒトリの紹介が思わず長くなってしまったが、この蛾が、ありふれた材料を使って金をかけずに研究をしようという方針の、というか、研究費がないからそうせざるを得なかった日高さんにとって恰好の研究材料になったのである。なにしろ大発生した外来昆虫であるから、アメリカシロヒトリは個体数が多く、探す苦労が要らないうえに扱いやすいのである。その経緯が本書の冒頭に書かれている。

すなわち日高さんが若い頃の応用昆虫学の主流は、害虫の雌の性フェロモンの構造を化学的に決定することであった。フェロモンというのは、一九五九年にドイツの生化学者ブーテナントによって分子構造が付きとめられたもので、外分泌物とも呼ばれるように、生物の体外に放出され、ごく微量で誘引等の行動や、興奮等の生理作用を起こさせる信号物質のことである。ある害虫の雌の出す性フェロモンの化学的構造が分かれば、微量で効き目のあるその物質を人工的に合成し、トラップを作ってその種の雄だけを誘引して殺すことが出来る。そうすれば、雌は受精卵を産めなくなるから、たとえばＤＤＴのように、農地の中の、虫をはじめとする生き物を皆殺しにせず、効果的な害虫駆除が出来る。

その頃、研究のための化学的手法や機器の類はもうかなり進歩していて、忍耐強く作業を重ねればフェロモン物質の化学構造は、それこそどんどん決定することが出来た。しかし日高さんとしてはそういう「最先端」の研究にあまり興味が持てなかった、と書いている。

……どんな物質が、どれくらい微量でオスを興奮させるかなどということではなく、ほんとに野外にいる虫たちが性フェロモンをどのように使っているかが気になって仕方がなかったのである。
だからぼくの研究は最新の分析機器を使うのではなく、夜、野外で虫たちがどう飛び、どんなようにしてメスのところへやって来るかをじっと観察すると言う、旧態依然たる時代おくれの研究であって、とても科学技術庁から研究費をもらえるようなものではなかった。

そうやって日高さんは生きたアメリカシロヒトリの雌雄の行動から、蛾たちがどのようにフェロモンを使っているか、その実態を解明するにいたるのである。つまり、蛾の雄は非常に遠くから雌の元へと一直線に飛んでくるのではなく、まず無作為に飛ぶ「ランダム飛行」を行っている。そして偶然、雌の出すフェロモンの感知域に飛び込むと、辺りを探りながら小刻みに飛ぶ「探索飛行」に飛行方法を切り替えて雌にたどり着くことが出来るのである。

一見するとこれはファーブルの研究を否定するもののようであるけれど、実はそうでなく、彼の考えを大幅に補強するものである。

そもそもフェロモンの存在を予言したのはファーブルなのであって、十九世紀の、分析機器や分析の手段がまだ未発達で「目に見えない」ものばかりの時代に、これだけの成果をあげるのにはどれほどの想像力と思考力とが必要とされるか、それこそ想像力のない人には分かりようのない話である。

それはともかく、ファーブルはほとんど分類研究ばかりであった十九世紀の昆虫学の世界に、生態と本能の研究、今でいう動物行動学の考えを持ち込んだ。これはもちろん、彼一人の独創というか、突然変異的な発想ではなく、それ以前に、十八世紀のレオミュールやレオン・デュフール等の先駆者がいるのだが、ファーブルはとことんその道を突き詰めたのである。ファーブルには、高度な機械や技術を要する研究は出來なかったし、意地でもそんなものは使いたくなかった。ルーぺと忍耐力と観察力とカンだけを頼りに研究したのである。

日高さんの時代には、ファーブルのように「なぜ？」という子供のように素直な問題提起は禁じられていたという。

ぼくが大学生の頃には、ファーブルを否定することが科学者らしい態度なのだという風潮がありました……（完訳『ファーブル昆虫記』第七巻下月報）

そしてファーブルの『昆虫記』に書かれているようなことはよく出来たお話であり、あの本はエッセイなのだ、実際の研究ではあんな風に上手くは行かないよと、先生たちから諭されることがあり、ファーブルは疎まれていたのだという。

ファーブルと日高敏隆との違いを言えば、ファーブルは生物界に起きることを単純に理論化することを警戒し、彼以前の思い込みによる昆虫の行動の擬人的解釈や、当時の進化論のような「流行の学説」を徹底的に嫌ったが、わが日高さんは反対に欧米の流行の学説をいち早く理解し日本に紹介して、大きな窓を開けるように日本の生物学界の風通しを良くしたことである。日高さんには柔軟な国際的な視野があり、語学力があった。戦争中の日本の文化的な鎖国状態の苦しさ、愚かさ、不自由さを嫌というほど味わっていたからである。マグヌス、ニコ・ティンバーゲン、コンラート・ローレンツなどと指おっていくと、単に翻訳の分野だけでも日高さんの果たした役割は偉大だと言わねばならない。

二〇一三年一月

初出一覧

フェロモンの神話と勘違い　「月刊官界」二〇〇二年九月号

Ⅰ

環境を生きる　「優駿」一九九二年三月号～一九九四年一二月号

Ⅱ

僕らはみんな生きている　「大望」二〇〇〇年七月号～一二月号

動物と人間の間　「言語」一九九九年六月号～八月号

水中昆虫　「日本教育」二〇〇六年四／五月号～二〇〇七年三月号

Ⅲ

昆虫学ってなに？　「インセクタリゥム」一九九〇年一月号～二〇〇〇年一二月号

湖の国から　「京都新聞」二〇〇五年四月四日～八月三〇日

昆虫学ってなに？

2013 年 2 月 10 日　第 1 刷印刷
2013 年 2 月 20 日　第 1 刷発行

著者——日高敏隆

発行人——清水一人
発行所——青土社
東京都千代田区神田神保町 1-29　市瀬ビル　〒 101-0051
電話　03-3291-9831（編集）、03-3294-7829（営業）
振替　00190-7-192955

本文印刷——ディグ
表紙印刷——方英社
製本——小泉製本

装幀——戸田ツトム

ISBN978-4-7917-6689-5　Printed in Japan